诚信是金

刘少影◎编著

天津出版传媒集团

天津人民出版社

图书在版编目（CIP）数据

诚信是金 / 刘少影编著 . —— 天津 : 天津人民出版
社 , 2018.12
ISBN 978-7-201-13983-8

Ⅰ . ①诚… Ⅱ . ①刘… Ⅲ . ①品德教育—通俗读物
Ⅳ . ① D648-49

中国版本图书馆 CIP 数据核字 (2018) 第 187284 号

诚信是金

CHENG XIN SHI JIN

出　　版	天津人民出版社
出 版 人	黄　沛
地　　址	天津市和平区西康路 35 号康岳大厦
邮政编码	300051
邮购电话	（022）23332469
网　　址	http://www.tjrmcbs.com
电子信箱	tjrmcbs@126.com
责任编辑	刘子伯
印　　刷	三河市恒升印装有限公司
经　　销	新华书店
开　　本	710×1000　　　1/16
印　　张	16
字　　数	200 千字
版次印次	2018 年 12 月第 1 版　2019 年 1 月第 1 次印刷
定　　价	39.80 元

目　录
Contents

第1章　表里如一：宁失一座城，不失一份诚

第2章　抱诚守真：最珍贵的诚实

第3章　信守不渝：一切从信任开始

第4章 赤心相待：金子般的承诺

第5章 一诺千金：金子般的招牌

第6章　诚信治家：以诚感人者，人亦诚而应

第1章

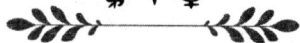

表里如一：宁失一座城，不失一份诚

信用是一项彼此的约定

一个人如果希望闻名世界、流芳百世，他首先要获得人家对他的信任。一个人如果学会了如何获得他人信任的方法，真要比拥有千万财富更足以自豪。

但是，真正懂得获得他人信任方法的人真是少之又少。大多数人都无意中在自己前进的人生道路上设置了一些障碍，比如有的态度不好，有的缺乏机智，有的不善待人接物，常常使一些有意和他深交的人感到失望。

有些人开始步入人生时，常常错误地以为一个人的信用是建立在金钱基础上的。一个有钱有势的人不一定有信用，因为再雄厚的资本，也不等于信用。与百万财富比起来，高尚的品格、精明的才干、吃苦耐劳的精神要宝贵得多。

任何人若想人生成功，首先应该努力培植自己良好的名誉，使人们都愿意与你深交，都愿意竭力来帮助你。一个明智的人一定会让良好的信誉把自己训练得十分出色，不仅要有处世的智慧与能力，为人也要做到诚实和坦率。

有很多银行家非常有眼光，他们对那些资本雄厚，但品行不好、不值得人信任的人，决不会放贷一分钱；而对那些资本不多，但肯吃苦、能耐劳、小心谨慎、时时注意商机的人，他们则愿意慷慨相助。他们在每贷出一笔款子之前，一定会对申请人的信用状况研究一番：对方生意是否稳当？能否成功？只有等到觉得对方实在很可靠，没有问题时，他们才肯贷出款子。

任何人都应该懂得：人格是一生最重要的资本。要知道，糟蹋自己的信用无异于在拿自己的人格进行典当。

罗赛尔·赛奇说："坚定信用是成功的最大关键。"一个人要想赢得人家的信任，一定要下极大的决心，花费大量的时间，不断地坚持和努力才能做到。

1835 年，摩根先生成为一家名叫"伊特纳火灾"的小保险公司的股东，因为这家公司不用马上拿出现金，只需在股东名册上签上名字就可成为股东。这符合摩根先生没有现金但却能获益的设想。

很快，有一家在伊特纳火灾保险公司投保的客户遭遇了火灾，损失惨重。按照规定，如果完全付清赔偿金，保险公司就会破产。股东们一个个惊惶失措，纷纷要求退股。

摩根先生斟酌再三，认为自己的信誉比金钱更重要，他四处筹款并卖掉了自己的住房，低价收购了所有要求退股股东的股份，然后他将赔偿金如数付给了投保的客户。

这件事过后，伊特纳保险公司成了信誉的保证。

已经身无分文的摩根先生成为保险公司的所有者，但保险公司已经濒临破产。无奈之中他打出广告，凡是再到伊特纳火灾保险公司投保的客户，保险金一律加倍收取。不料客户很快蜂拥而至。原来在很多人的心目中，伊特纳公司是最讲信誉的保险公司，这一点使它比许多有名的大保险公司更受欢迎。伊特纳火灾保险公司从此崛起。过了许多年之后，摩根的公司已成为华尔街的主宰。而当年的摩根先生正是美国亿万富翁摩根家族的创始人。

回忆当初，其实成就摩根家族的并不仅仅是一场火灾，而是比金钱更有价值的信誉。还有什么比让别人都信任你更宝贵的呢？信任的基础是什么呢？是互相之间对人品的了解与欣赏，是人与人之间无法用金钱来衡量的友情。

一个人，凭着良好的信用，可以改变成败，可以创造历史，甚至可以起死回生。

公元前 4 世纪的意大利，有一个名叫皮斯阿司的年轻人触犯了国王，被判绞刑，几天后在特定的日子将被处死。皮斯阿司是个孝子，在临死之前，他希望能与远在百里之外的母亲见最后一面，以表达他对母亲的歉意，因为他不能为母亲养老送终了。他的这一要求被告知了国王。国王被他的孝心所感动，允许他回家，但是他必须为自己找个替身，暂时替他坐牢。这是一个看似简单其实近乎不可能实现的条件。有谁肯冒着被杀头的危险替别人坐牢，这岂不是自寻死路。但，茫茫人海，就有人不怕死，而且真的愿意替别人坐牢，他就是皮斯阿司的好朋友达蒙。

达蒙住进牢房以后，皮斯阿司就回家与母亲诀别去了。人们都静静地看着事态的发展。日子一天天地过去了，皮斯阿司还没有回来，刑期眼看就快到了。人们一时间议论纷纷，都说达蒙上了皮斯阿司的当。行刑日是个雨天，当达蒙被押赴刑场之时，围观的人都在笑他的愚蠢，幸灾乐祸者大有人在。刑车上的达蒙面无惧色，慷慨赴死。

绞索已经挂在达蒙的脖子上，胆小的人吓得闭紧了双眼，他们在内心深处为达蒙深深地惋惜，并痛恨那个出卖朋友的小人皮斯阿司。但就在这千钧一发之际，在淋漓的风雨中，皮斯阿司飞奔而来，他高喊着：我回来了！我回来了！

　　这一幕太感人了，许多人还都以为自己是在梦中。这个消息宛如长了翅膀，很快便传到了国王的耳中。国王闻听此言，也以为这是谎言。国王亲自赶到刑场，他要亲眼看一看自己优秀的子民。最终，国王万分喜悦地为皮斯阿司松了绑，并亲口赦免了他的刑罚。

　　有人不重视信誉，认为那不如现实的利益重要。但不要忘记，一旦失去了它，你还能得到现实的利益吗？

　　千万要记住：信用是你人生中一张通向成功的特制通行证。

具有约束力的心灵契约

在 18 世纪的一天深夜，一个有钱的绅士走在回家的路上，一个衣衫破烂的男孩拦住了他。

"先生，买包火柴吧。"男孩说。

"我不买。"绅士说完，立即往前走。

男孩追上去，再次苦苦哀求："先生，请您买包火柴吧。我今天一天都没吃东西了。"

"可是，我没有零钱啊。"绅士说道。

"没关系，火柴先给您，我去给你换零钱。"说着，男孩拿了绅士的一英镑就跑步走了。

绅士等了许久，男孩依旧没有回来，绅士只好无奈地回家了。但是故事并没有结束。

第二天早晨，绅士刚刚上班，那个卖火柴男孩的弟弟来到他的办公室。"先生，我哥哥让我把这些零钱还给您。"

"那你哥哥呢？"

"我的哥哥在昨天给你换完零钱后就被车撞伤了，他正躺在家里。"

绅士感到十分惭愧。"走，我们去找你哥哥。"

来到两个男孩的家，只有他们和继母。

一见到绅士，被车撞伤的男孩忙说："先生，都怪我没有及时把钱还给您，我失信了！"

绅士被男孩的诚信感动了，当他了解到这对兄弟的父母双亡时，他毅然决定把他们生活所需要的一切都承担起来。

看完了这个故事，我很感动。这个男孩是幸福的，他虽然生活穷苦，但有一颗诚信的心，从而换来了他人的信任。

诚信自古就是核心道德之一，是做人的根本。从春秋战国开始就把"诚"看作"信"的内在基础，把"信"看作"诚"的外在表现。"诚"本身强调的是真诚，"诚"是道德的真，真实无妄，真实不欺，真心实意，诚心诚意。"诚"是诚实的道德品质，既不自欺，也不欺人。"诚"的对立面是伪，是假，伪妄，虚假。所以，"诚"的命题是要解决真伪的问题，是人生、人格的最基本问题。

"诚"特别强调内在的真诚，对自己要真诚，真诚做人，一秉真诚，真心诚意地为善去恶，对得起"道德良心"。没有真诚的良知就无法深切感受荣辱。按儒家的说法，先"正心、诚意"，有这基础才能"修身、齐家、治国、平天下"。心意要诚，"心诚则灵"，"精诚所至，金石为开"。反之，缺少"诚"的基本品格，所以才会昧着良心做人，昧着良心做事。"诚信缺失"，我看最可怕的就是缺失这种做人的真诚、做人的起码人格，缺失认认真真做人的基本态度。

阿里巴巴创始人马云毕业于杭州师范学院英语系，这个学校以往都是培养中学老师的，不过由于马云先生的学业和社会工作都非常优秀，在大学做过学生会主席和杭州学联主席，所以成为杭师院历史上第一个分配到大学做老师的学生。在毕业的时候杭师院的校长在校门口找马云谈话，要求他至少在那个学校待五年，否则以后的师弟师妹们也许再也没有机会到大学去任教了，马云答应了。

做大学老师的第一年，每月的工资是 89 元。而那个时候如果去广东做英语翻译，每月的工资可以到 1000 元以上，但为了信守那个不待五年不离开的承诺，他没有离开。几年后，当他的工资涨到每月 120 元的时候，如果去做翻译，月薪是 3600 元，但不到五年，他仍然没有离开。就这样，他在那个大学当了六年半的老师，教出了一批好学生（考试名列前茅的学生中总是以他的学生居多，在那个学校号称"马家军"），自己也成了该校的十大优秀青年教师之一。不过由于看到了其他机会，也完成了当初的承诺，他还是选择了离开。

所谓性格决定命运，马云用自己的故事给大家上了非常生动的一课。试想如果不是这种诚信为人的人格魅力，怎么会有那么多人愿意跟随马云一同创业，甚至在关键时刻为马云两肋插刀提供帮助呢？而如果不是因为诚实守信，马云提前跑到南方做翻译。那么他很可能错过创办阿里巴巴的机缘，与成功擦肩而过。厚积薄发，天时地利才成就了今天的马云。

诚信不是口号，要做事先做人。这个世界上还有比让别人充分信赖更有价值的么？得到了别人的信赖将会有多少事情变得简单！

人们常说，做事先做人，假设你因为一点私利而不守信用，你周围的人会怎样看你，而你又会不会感到无地自容甚至想要逃避这个世界……做这样的假设，无非是让人清楚地告诫自己：失信是最大的痛苦。

做人应当以诚信至上。说得通俗一点，以诚信待人，是成大事者的基本做人准则，道理很简单，诚信为全天下第一品牌！无论你是谁，做人做事，都应讲"诚信"二字，养成诚实守信的习惯，在事业上用这种习惯来工作，方可在竞争中取得胜利。

清朝时期，有一个老商人，走南闯北做了一辈子小买卖，积攒下了一些钱，就回到家乡开了一个小饭馆。眼看自己一天一天老了，他觉得应该把他的小饭馆交给他的儿子们来管理。

老商人老伴去世早，膝下有三子。大儿子和二儿子机灵，常有一些鬼点子；小儿子性情憨厚老实，只知道读书，很少管家里的事。他想了很久，也不知道该把辛辛苦苦办起来的小饭馆交给谁才好。70岁生日那天，老商人的三个儿子都来给他祝寿。家宴结束后，他把儿子们叫到书房里，对他们说："孩子们啊，今天我有一件事情要给你们交代。我现在老了，怕是活不了几年了，说不定哪一天就突然闭上眼睛了。我这辈子也没留下什么财富，就这么一个小饭馆，我想在你们当中选一个合适的人来管理它。我想了好久，想了一个非常公平的办法，现在我就宣布这个办法，你们都给我听好了。"

老商人立即吩咐家里的仆人搬来三个已经装好土的花盆，然后从怀里掏出三粒种子放在桌子上，严肃地说："这是我精心挑选的花种，你们在这里任选一颗种在花盆里，半年以后，拿来给我看，谁养的花最令我满意，我就把这个小饭馆交给谁。但是要记住：只能用我发给你们的种子！只能用这花盆里的土！"

三个儿子都答应了父亲的吩咐。大儿子和二儿子回到家里，精心培育了几天，可是就不见花盆里的种子发芽，于是就偷偷地去乡下找花匠。他们从花匠那里买了同样品种的种子，又让花匠换了花盆里的土壤，高高兴兴地把花盆抱回家。没过几天，那种子就发芽了。

憨厚老实的小儿子每天按时给花盆浇水，可就是不见发芽。他一点儿也不着急，仍然按时浇水施肥。

半年很快就过去了，该是老商人验收花的时候了。三个儿子都端着花盆来给老商人看，大儿子和二儿子养的花都枝繁叶茂，还开出了很鲜艳的花朵。老商人看着漂亮的鲜花，没有表现出格外的兴奋，反而有了几分忧虑。当他看见小儿子端着没有长出鲜花的花盆时，老商人什么也没说，就把小饭馆的钥匙和账本交给了小儿子。

其他两个儿子很不服气，就生气地问老商人："父亲大人，三弟的花盆里什么都没有，您怎么就把饭馆交给他了呢？"

老商人说："做生意一定要讲究诚信，因此要选一个诚实的人做接班人，看来你们的弟弟是最诚实的。"那两个儿子都一齐问："为什么？"老商人缓缓地说："那是三颗炒熟的种子。"

老商人之所以选中了小儿子作为接班人，是因为他诚实守信。小儿子用自己的诚实赢得了父亲的信任。诚信是做人的美德，诚信是立足的根基，诚信是做人的根本准则，是一个人安身立命之道。讲诚信，并不是为了维护和增加自己的利益，而是要尽到做人的本分。著名教育家陶行知曾说过："千教万教教人求真，千学万学学做真人。"只有用诚信校正成长的脚步，人生才会更踏实精彩。

诚信是一个人必备的品质之一，只有具备了这种品质，也只有具备这种品质的人，才会敞开心扉给人看，使人们了解他，接纳他，帮助他，支持他，从而获得事业上的成功，受到人们的尊重和敬仰。

许下诺言，就一定要去兑现它

魏文侯，战国时期魏国的建立者。

有一次，魏文侯与虞人（掌管山泽园圃和田猎的官员）约定，将于某一天一同去附近的一座山上打猎。

这一天到了，正好几个大臣在宫里陪着魏文侯，一边饮酒，一边欣赏着歌舞。魏文侯很高兴，大臣们更是高兴。

正在这时，天突然下起雨来。魏文侯也忽然想起今天是他与虞人约定打猎的日子。于是他就令人备马和弓箭，准备出去。左右臣僚们非常不解地问："我们今天饮酒饮得很高兴，天又正下着雨，请问主公您现在要到哪里去呢？"

魏文侯说道："刚才我忽然想起来了，今天是我与虞人约定去打猎的日子。虽然我们饮酒也很快乐，难道我可以因此而不去赴约吗？"

于是，魏文侯便冒雨出宫与虞人一同打猎去了。

开口相约，是一件最简单不过的事，但要信守约定、践行约定，就不那么容易了，只有诚信之人才能够做到。守约是诚信的要求和表现，魏文侯信守约定，冒雨打猎，体现了他的诚信。

春秋时期，王室衰微，诸侯争霸。各诸侯国为了争夺霸主地位，纷纷参与到争霸战争中来，两百多年间，诸侯们进行了四百多场大战。到春秋末期，一百多个诸侯国已锐减到二十几个了。

到了战国初期，比较大的诸侯国只剩下七个了，这七个国家分别是：齐、楚、燕、韩、赵、魏、秦，世称"战国七雄"。秦国是七个诸侯国中最弱、最被别的诸侯国看不起的，年仅二十一岁的秦孝公即位时，面对自己的处境和地位非常着急。

为了求得有识之士的帮助，他向天下发布了求贤令："各个诸侯都看不起我们，这是秦国莫大的耻辱！有能出谋划策让秦国强大的人，我封给他高官，还赏赐给他土地。"

秦孝公的求贤令，引来了战国时期最著名的改革家——公孙鞅，也就是我们所说的商鞅。商鞅来到秦国，与秦孝公长谈三次，最后说得秦孝公心花怒放，连连称是，两人大有相见恨晚之感。秦孝公很支持商鞅在秦国变法图强，但这有损秦国贵族的利益。为避免贵族们的反对、干涉，秦孝公决定先召开宫廷辩论会。在辩论会上，商鞅舌战群雄。秦孝公看到商鞅才华出众，当时就任命商鞅为左庶长，主持变法。

获得了秦孝公支持的商鞅，并不急于颁布新法令，而是先到都城南门外，在很多百姓面前立了一根三丈高的木头杆子。并且贴出告示，声称：谁能把这根木头扛到北门去，就赏他十两黄金。

不一会儿，城门口就聚了好多人。人人都想得到金子，但没有人相信这是真的，都怕扛了木头又没有钱，自己受累倒不要紧，关键是怕成了别人的笑柄。

商鞅知道老百姓不相信他下的命令，就把赏金提高到五十两。可是赏金越高，大家就越觉得不合情理，仍旧没人敢去扛木头。

俗话说，重赏之下，必有勇夫。过了一会儿，终于有个人从人群里挤出来，他挽起衣袖，把木头扛起来就走，一直扛到北门。商鞅立刻传令赏给他五十两黄金。

这事传出后一下子轰动了整个秦国，老百姓都说："左庶长真是说到做到，有了这样的官可好了。"

第二天，大伙儿又跑到城门口看有没有木头。大家没发现木头，却看到了商鞅变法的新法令。法令里有许多利于穷人的条文，但没有一个人怀疑这个法令的真实性。

大家都知道商鞅是一个有"信"之人，所以新法令执行得很快，也很好。为此，北宋的王安石赋诗赞誉："自古驱民在信诚，一语为重百金轻。今人未可非商鞅，商鞅能令政必行。"

纵观历史上任何改革，它都是社会利益关系的调整，必然触及一部分人的利益，有支持者，也有反对者，要想改革推行下去，取得成功，就必须赢得广大百姓的信任和支持。要赢得广大百姓的信任和支持，不仅改革的举措要着眼于广大百姓的利益，而且改革者本身必须是具有权威的守信之人，能够说话算数，令行禁止。商鞅在推行改革的新法之前，移木赏金，就是要解决这个问题，展示自己说话算数、言行一致的形象，以取得百姓的信任。

卓恕，字公行，浙江上虞人。他为人笃实讲信义，答应办的事就立即去办；与人约会，纵然遇到暴风疾雨、雷电冰雪，也都没有不如期到达的。

有一次，卓公行从建业（今江苏南京）回会稽（今浙江绍兴）探家，去向太傅诸葛恪告辞，诸葛恪问道："你什么时候返回呢？"卓公行回答说："某日当再来亲自拜见。"

到了那天，诸葛恪想做东宴请一些宾客，一边饮酒品菜，一边等候卓公行。

当时，赴宴的宾客都以为，从会稽到建业相去千余里，路途之上又很难说不会遇到风波之险，卓公行又怎么一定能如期到达呢？

不管众宾客怎么说，诸葛恪坚持要等卓公行，因为他了解卓公行，知道他是一个诚信君子，他说今天到就一定会到。不一会儿，卓公行果然到了，所有的人都很惊诧。

诚实守信，践诺履约，言必信，行必果，是中国社会的传统美德。古代的圣贤哲人对诚信有诸多阐述。东汉许慎着《说文解字》说："信，诚也"；"君子之言，信而有征"。征，为证明，证验之意；"言之所以为言者，信也；言而不信，何以为言？"这些都是说人要说话算数。

一个人一再地违背自己的诺言，就没有人会相信他，在别人眼中他也就成为一个十足的小人。跟他打交道的时候，别人会一直在心里想："我会不会让这小子给骗了？还是别搭理他吧！"如果是这样，他只会寸步难行。

诚信做人，成就非凡

　　诚实是最好的竞争手段，守信是最吸引人的品德。各行各业都有竞争，商业是竞争比较激烈的行业之一，要想在激烈的商业竞争中立于不败之地，就必须始终坚持诚实守信的经营之道。

　　在美国，有一位普通的家庭主妇，她叫凯瑟琳·克拉克，她开了一个家庭小面包店。她开店的原则是"诚实不欺"，专门销售"最新鲜的食品"。这就是她非常朴实的"广告"。她每天在面包上注明生产日期，公开宣布决不卖超过三天的面包，若有人发现出售有超过三天的面包，当众奖励一千美元，结果生意越来越兴隆。

　　有一年秋天，加州发生了水灾，面包缺货，该店连日加班生产，但是因为有的地方洪水阻隔和路途遥远，有些面包运到目的地已经过了期限。按照该店的宗旨，凡是超过三天的面包，绝对不能出售，凯瑟琳就派人把超期的面包拉回来销毁。

　　一次，运货员从几家偏远的商店收回了一批过期的面包，在回来的途中被一些饥民拦住，他们提出要购买车上的面包。运货员恪守公司的规定，说什么也不答应，这引起了饥民的一致抗议。他们围住货车，说什么也不让车走，于是双方发生争执，人也越来越多。

这时，几个新闻记者路过此地，纷纷前来探明原因。运货员无可奈何地说："我们老板有严格规定，严禁在任何情况下将过期的面包卖给顾客，如果明知故犯，将被开除。我们实在也没办法啊！"记者听了，对运货员忠于职守、严格按公司规定行事的行为十分赞赏，但也想不出很好的解决办法。这时，运货员想到了一个"两全其美"的办法。顾客可以假装"抢劫"面包，我假装"尽力"阻拦。如果顾客拿了面包，又留下了钱，抢劫面包不就变成强买面包了吗？非常时期，强买应算不得什么大事。

运货员话刚说完，在场的人一拥而上，将车上的面包"强买"一空。运货员假装阻拦，记者举起相机，拍下了这一动人的场面。

几天后，各大报纸纷纷报道此事，成为轰动一时的新闻，引起了无数人的称赞。凯瑟琳面包店信守承诺，宁可将过期的面包收回，也不违反原则的事迹给人们留下了深刻的印象。

当经济恢复之后，凯瑟琳经营的面包店因为信誉好，大家十分信赖，营业额直线上升，在短短的半年时间里，销量不断增加，财源滚滚而来。

很快，凯瑟琳的家庭小面包店一跃而成为现代化的大企业，每年的营业额由最初的 2 万美元增加到 400 万美元，凯瑟琳成为名副其实的百万富婆。

以信用去赢得顾客的信赖，用爱心去关怀顾客食品的新鲜，就用这种"不争"的方法去赢得"人财两旺"。

做买卖，只有以诚待人才能做成大生意；干事业，只有以诚待人才能长盛不衰。在这里诚信不仅仅是一种良好的个人修养，也是一种优秀品格的外在表现，更是一种可以直接带来财富，转化为金钱的无价之宝。

在如今的市场竞争中，诚信做人是兴商之本、生财之道，我们千万不要只把诚信喊在口头上，要付诸实际行动上，用诚信经商，用诚信生财、用诚信赢得生意的发展、壮大、兴旺，因为只有"诚信"，才能帮助你人财两旺。

舍我生万物，至爱育永恒

据《华西都市报》2007 年 10 月 16 日报道：10 月 15 日，黑龙江省双色球"6500 万元得主"露面，领走了巨奖。但他领奖时的一席话把焦点转到了他的员工身上——一位月薪 800 元的员工，在得知替老板购买的彩票中得巨奖后，不为所动，第一时间告知老板得奖情况，并将彩票交给老板，甚至没有说过任何索要报酬的话语。

令人欣慰的是，这位获得巨奖的老板还没有"乐得不知道北"，面对众多媒体的追访，能够如实说出自己中奖的经过。但是，更值得称道的还是那位帮他买中 6500 万元彩票而丝毫不动心，分文未索的员工，人们应该为这位"史上最诚信员工"喝彩！

6500 万元中奖金额，这对于"月薪只有 800 元左右，与妻子、孩子租住在哈尔滨市，生活条件相当艰苦"的代买员工来说，何止是一个天文数字或一块巨大的蛋糕，它更预示着今后生活的荣华富贵，将是人生的一次重大转折。而且，按照民间的说法，选中获奖号码的人，那是财气太旺了，巨奖粘了他的财运。然而，在这位普通员工身上，不仅有旺盛的财气，更有一种"诚信为本，操守为重"的德行，他不但见钱眼不开没有悄悄昧下，而且在第一时间向正在外出差的老板报喜，甚至没有说过任何索要报酬的话语。

面对巨奖的诱惑，做人的差距一下子就显现了出来。巨奖也是一面镜子，折射出该员工的高贵品质。"君子爱财取之有道"、"见利思害，临财勿苟得"、"人而无信，不知其可也"、"钱财乃身外之物，人格是立身之本"等中华民族固有的传统美德，在这位员工身上得到了充分继承和发扬。

南宋时期，有一个秀才叫黄裳。他不仅学问高，而且还是一个诚实的君子。

一次，父亲派他到城里办事。夜晚，黄裳就在一家小客店里住了下来。由于赶了一天的路，黄裳觉得很疲倦，洗漱一下就熄灯上床，准备美美地睡上一觉。

刚躺在床上，黄裳觉得腰部好像有什么东西硌着。用手一摸，是席子下面有一个硬邦邦的东西。他翻身下床，揭开席子，借着月光一看，原来是一个装着东西的布袋子。

黄裳心里琢磨，一定是前面住店的客人忘在这里的东西，就点亮灯想看一看里面装的是什么。他解开系布袋口的绳子，随手把布袋子往桌上一倒，只听见"哗啦"一声，黄裳立刻惊呆了：原来从布袋里倒出来的是一堆珍珠，足有上百颗，有几颗还滚落到地上。

黄裳连忙把掉在地上的珍珠捡起来，又把桌子上的珍珠收到布袋里。他担心有遗落在地上的，就又在床下、桌下仔细搜寻了一番，确定再没有失落的，这才把布袋口扎好，放在枕头底下。

他熄了灯，重新上床睡觉，可是睡意全无。黄裳心想，我长到快二十岁了，还没见过这么多珍珠，我该怎样处理这些珍珠呢？

他反复地问自己，最后他决定还是想办法把珍珠还给它的主人。

　　第二天一早醒来，黄裳收拾好东西准备上路，临行前，他对店主说："如果有人到贵店来找珍珠，请他到城里来找我。"接着，他详细地说出了自己在城里的地址。

　　他到城里没过几天，就有人来找他，说自己是遗失珍珠的人。黄裳说："珠子确实在我这里，但是我们得找个地方对证一下，防止被人冒领。"于是，他们来到官府，当堂对证。那人说了珠子的数目，官府的官员亲自数了珠子后，和那人说的一点儿不差，这才当堂把珍珠还给失主。

　　失主非常感激黄裳，当场送他几颗珠子作为谢礼，黄裳说："谢谢你的好意，我要是想要珠子的话，你就一颗也得不到了。我既然把珠子还给你，就一颗也不会要！"

　　这事传扬出去，人们都称赞黄裳是个诚信君子，是个德才兼备的书生。

　　诚实守信是一种美德，诚信的品德是比黄金珠宝更贵重的东西。拾金不昧也是一种美德，它与诚实守信密切相关。一个不讲诚信的人绝不会有拾金不昧之举，一个拾金不昧的人则往往是一个诚信之人。

　　"舍我生万物，至爱育永恒。"不义之利，不仅是蝇头小利，它更是"刀尖上的蜜"，不足一餐之饱，却有短舌之虞。面对"刀尖上的蜜"，不为心动，诚信应对，才可能保住自己的舌头，保住自己的前程。

宁可不许诺，也不要不守诺

周成王，西周国王。他的父亲周武王死时，他的年龄非常小，由他的叔父周公旦摄政。周公旦充分发挥了自己的才干，为周王朝制定了一整套典章制度，把周朝治理得井井有条。

有一天，周成王和与自己感情非常好的小弟弟叔虞在宫中的一棵梧桐树下一块儿玩耍。

忽然，一阵秋风吹来，梧桐树上的叶子纷纷飘落。风过后，地上留下了许多梧桐叶。

成王一时兴起，便从地上捡起一片梧桐叶，用小刀切成一个玉圭（当时分封诸侯的符信）形状，并随手将它送给了叔虞，以玩笑的语气对他说："我要封给你一块土地，喏——你先把这个拿去吧！"

叔虞听到成王这么说，高兴极了，拿着这片用梧桐叶做成的"圭"，跑去将此事告知他们的叔父周公旦。

当时，周公旦代替尚是年幼的成王执掌国政，听了叔虞告诉自己的话，便立刻换上礼服，赶到宫中去向成王道贺。成王不解地问："叔叔，您为什么要特地穿上礼服，赶来向我道贺呢？"

面对周公旦的道贺，早已将向叔虞封地的事忘得一干二净的成王，不禁一头雾水，不知所以……周公旦依然面带微笑地对成王解释道："我刚刚听说，你已经册封了你的小弟弟叔虞！发生了这样的大事，我怎能不赶来道贺呢？"

"哦！那件事啊！"这才想起此事的成王，忍不住哈哈大笑说，"叔叔，我想起来了。刚才，我只不过是和叔虞闹着玩而已，不是真要册封他呀！"

成王的话刚说完，不料周公旦立即收起笑容，正色对成王说："无论是谁，说话都要以'信'为重。你身为天子，说话更是不能随随便便，更不能像开玩笑一样。如是这样，叫全国的老百姓怎么能信赖你呀！你还有资格做一国的天子吗？"

听了周公旦的话，成王深感惭愧。于是，成王便迅速决定：将叔虞册封于唐地！

这就是历史上"桐叶封弟"的故事。古人说"君无戏言"，其实，我们每个人都应该如此。否则，长此以往，还有谁会相信自己呢？不轻率许诺，并真心诚意信守自己曾经许下的每一个承诺，正是我们的立身处世之本。

三国时代，吴国大夫鲁肃在诸葛孔明的如簧之舌的煽动下，轻率地许诺作保把荆州借给了刘备。岂知这一许诺，使得东吴伤透了脑筋。围绕荆州，吴蜀你争我夺，东吴是"赔了夫人又折兵"，气死了周瑜，为难了鲁肃。

轻诺别人，不仅会给自己带来不守信的声誉，更会招致许多麻烦，而且有时还会严重地伤害别人。

甘茂在秦国担任宰相，秦王却偏爱公孙衍。有一次，秦王曾经许诺公孙衍，将来必定对他有所提拔。一日他亲自对公孙衍说："我准备让你做相国。"

甘茂手下的官吏听到这个消息，就去告诉甘茂。甘茂因此进宫拜见秦王说："大王得了贤相，斗胆给大王贺喜。"

秦王不解地问："我把国家托付给你，哪里又得到贤相呢？"

甘茂大胆进言说："听说大王将要立公孙衍为相，不知可有此事？"

秦王一怔，知道自己说了错话，急忙说："爱卿，你从哪里听来的？"

甘茂回答说："大王，是公孙衍告诉我的。"

秦王弄得非常尴尬，第二天就驱逐了公孙衍。

秦王轻诺公孙衍，事后又不兑现自己的诺言，结果成了失信于人的君主，同时也伤害了一直忠心耿耿的良臣甘茂。要做到不轻诺，除了要有自知之明之外，还必须养成对客观情况做比较深入和细致了解的习惯，谨慎许诺！一旦许诺，就要做到。这样才能成为守信、诚实、靠得住的人。

成熟的人一定要诚实守信。做到诚实守信的一个重要方面就是要求没有把握的话绝对不要说，有把握的话，在不适当的对象面前也不要说。特别要注意的，就是千万不要轻易许下诺言，也就是"不轻诺"。"不轻诺"是人守信的基础。轻率许诺者，必是少有信义的人。与其最终成为失信的人，不如一开始就不对人许诺。

信守承诺才能赢得尊重

三国时期，蜀国国君刘备去世，后主刘禅即位后，朝廷上的事不论大小，都由诸葛亮来决定。诸葛亮兢兢业业，治理国家，想使蜀汉兴盛起来。没料到南中地区（今四川省大渡河以南和云南、贵州一带）几个郡倒先闹起来了。

益州郡有个豪强雍闿，听说刘备死去，就杀死了益州太守，发动叛变。他一面投靠东吴，一面又拉拢了南中地区一个少数民族首领孟获，叫他去联络西南一些部族起来反抗蜀汉。

建兴三年（公元 225 年）春，诸葛亮率领大军出发，去南方平息叛乱。到了南方，诸葛亮打听到孟获不但打仗勇猛，而且在南方中部地区各族中有很高的威望，就决心把孟获争取过来，于是下了一道命令：

"只许活捉孟获，不能伤害他！"

诸葛亮善于用计谋，蜀军和孟获的军队交锋的时候，蜀军故意败退下来。孟获仗着他人多，一股劲儿追了过去，很快就中了蜀兵的埋伏。南兵被打得四处逃散，孟获本人也被活捉了。

　　孟获被押到大营，心里想，这回一定没有活路了。没想到进了大营，诸葛亮立刻叫人给他松了绑，好言好语劝说他归降。但是孟获不服气，说："我自己不小心，中了你的计，怎么能叫人心服？"

　　诸葛亮也不勉强他，陪着他一起骑着马在大营外兜了一圈，看看蜀军的营垒和阵容。然后又问孟获："您看我们的人马怎么样？"孟获傲慢地说："以前我没弄清楚你们的虚实，所以败了。今天承蒙您给我看了你们的阵势，我看也不过如此。像这样的阵势，要打赢你们也不难。"

　　诸葛亮爽朗地笑了起来，说："既然这样，咱们不妨来个约定，如果我能抓到您七次，您就归顺我蜀国，孟将军，您看怎么样？"孟获不以为然地答应了。

　　孟获被释放以后，回到自己的部落，重整旗鼓，又一次进攻蜀军。但是他本是一个有勇少谋的人，哪里是诸葛亮的对手，第二次又被活捉了。诸葛亮二话没说就把孟获放回去了。像这样捉了放，放了又捉，一直把孟获捉了七次。

　　到了孟获第七次被捉的时候，诸葛亮还要再放，孟获却不愿意走了。他流着眼泪说："丞相七擒孟获，信守诺言，说到做到，待我可以说是仁至义尽了。我打心底里佩服，哪里能不遵守当初的约定呢？从今以后，不敢再反了。"

　　孟获回去以后，还说服各部落全部投降，南中地区就重新归蜀汉控制。

　　这就是历史上出名的"诸葛亮七擒孟获"的故事。兵书上说，用兵遣将，以信为本，得利失信，古人所惜。信守诺言最能服人。诸葛亮在平息南方叛乱时将孟获七擒七纵，信守诺言，说到做到，孟获也终于归降。

　　郭汲，字细侯，汉光武帝时期扶风茂陵人（今陕西省兴平东北人），官至大司空、太中大夫。他一贯注重恩德，为人十分讲究信用，做事多次获得成功，颇受当时人的称赞。他做官声誉非常好。

他做并州牧时，到任不久巡行部属，到西河郡美稷县（故城在今内蒙古准格尔旗之北），当地的孩子们闻讯，自发地聚集到一块儿去欢迎他。场面特别壮观，几百儿童，骑着竹马，在道旁拜迎。

郭汲不知情，就问："小朋友，你们这是在干什么呀？"

孩子们回答说："听说您要来，很高兴，我们特来欢迎！"

郭汲闻言赶忙下马，一一答谢。

在美稷县办完事后，孩子们又闻讯赶来送郭汲直到城郭外，并问他什么时候返回。郭汲立即让随从计算返程的日期，并告诉了那些孩子们。

由于事情办得十分顺利，返回美稷县的日子比预期早了一天，但为了不失信于孩子们，郭汲下令在县城外的野亭露宿一晚，等到第二天才入城。

可见，诚信乃为人之根本，无论大事小情都应以诚为先。郭汲并没有因为面对的是一群孩子就不认真对待。

首先当孩子们问何时返回时他不是随便估计，而是让随从计算后郑重告知；最后当他因为事情顺利而能提前返城时，却又因为和孩子们有约在先而露宿野亭，第二天才进城。

郭汲诚信的行为使他受人尊重，名扬天下，连小小孩童都如此景仰，可见诚信不仅能修身养性，同时还能赢得赞誉，当然沽名钓誉的行为是为人所不齿的。

一个诚实守信的人一定是受人尊重令人爱戴的人。一个人要获得别人的尊重和爱戴，其前提是自己要诚信，别人的尊重和爱戴是对自己诚信行为的最好奖励。如果自己不诚信，就不能指望别人尊重和爱戴自己，实际上得不到别人的尊重和爱戴也是一种惩罚。

诚信是信任的前提和筹码

王拱辰是宋朝人，他自幼家境贫寒，很小的时候父亲就去世了，留下无依无靠的母亲和四个孩子。

王拱辰是长子，于是他就和母亲一起挑起了家庭的重担。王拱辰孝顺母亲，生活俭朴，诚实守信，常受乡里人夸奖。他还喜欢读书，而且非常刻苦，经常是天不亮就起床，甚至是半夜醒来也要翻一翻书。

王拱辰通过多年的努力，到二十岁的时候，已经能写一手好文章，于是他就参加了乡试和会试，成绩都很优秀。

后来，他到京城参加皇帝亲自主持的殿试。皇上认真审阅了每一个考生的考卷，发现王拱辰的文章立论新颖，见解独到，文笔流畅，没有人比得上他，于是就把王拱辰定为状元。

第三天，皇上把考中前三名的书生都召集到王宫的大殿上，在早朝上当着文武百官的面宣布了他们的名单。其他两个书生都赶紧跪下磕头谢恩，王拱辰不但没有谢恩，反而说："陛下，小生不配当状元，请您把状元判给别人。"

金殿上的人都议论纷纷，科举考试已有四五百年的历史了，从没听说哪个人把到手的状元往外推的，这真是天下奇闻。

皇上听了也很纳闷，就询问原因。

王拱辰说："陛下，我也是十年寒窗苦读，做梦都想中状元。可是这次考试的题目不久前我刚好做过，所以被选上状元是侥幸。如果我默不作声当上了状元，我就是个不诚实的人。从小到大我都没有说过谎话。我不想为了当状元，就败坏自己的节操。"

皇上听了，非常感动，特别赏识王拱辰的诚实，认定他将来一定会成为国家的栋梁之材。于是皇上就说："此前做过考题，是因为你勤奋，况且从你的文章里可以看出，你表达的是自己真实的想法，理应选为状元。再说，你敢于说真话，能够诚信做人，这才是一个状元应该具有的品质，你的诚实比你的才华更可贵。因此，朕一定要选你做状元，你就不要推辞了。"

就这样，王拱辰成为历史上有名的诚信状元。正是王拱辰做人的诚信才使皇上信任他，钦点他为当年的状元。而他也没有辜负皇上的重任，在朝中做官五十五年，以自己诚信正直的品格和惊人的才华，得到百姓和官员们的尊敬。

所以说，信任取决于诚信，没有诚信就没有信任可言。何谓诚信？诚信乃诚实加信用也！孔子云："言必信，行必果。"人无信不立。诚信乃立身处世的准则，是立身之本。己诚，对人则诚；己真，对人无伪。

太史慈，青州（今山东临淄）人，三国时期吴国的名将。

一次，他在神亭（今江苏金坛西北）战败，被孙权的兄长孙策俘获了。

孙策以前就听说过太史慈的大名，于是就立即为他松绑，并以礼相待，还向他询问下一步进军的策略。

太史慈见孙策如此善待自己，倒觉得有点不好意思了，只是一味地说："我乃败军之将，不配共论大事。"

孙策则说："从前，韩信定计于广武君李左车，现在，我想请教将军，您又何必推辞呢？"

太史慈见孙策如此恳切，就说："州军刚被打败，士卒离心，如果分散了，就很难再聚拢起来；考虑到这种情况，想请您采取布施仁惠的措施加以安抚，又恐怕不符合您的心意。"

孙策听了太史慈的话，施礼回答说："这实在是我内心所希望的。明天中午，希望您再回到这里来。"

诸将都很怀疑，认为让太史慈走了，他明天就不会再来了。孙策则不这样认为，他说："太史慈，乃青州名士，以信用和道义为立身处世的首要原则，他一定不会欺骗我的。"

第二天，孙策下令大摆宴席，宴请各路将领，摆设酒食，立竿视影。正午时分，太史慈果然到了。孙策非常高兴，后来常常与他商议军事。

信任是建立在诚信基础之上弥足珍贵的财富。信任来自于灵魂深处，是出自纯洁自信的心灵，是架设在人与人之间的纽带与桥梁。太史慈由于自己的诚信之名而赢得孙策的信任，才得以保全性命，而且还得到孙策的以礼相待。孙策之所以放他走人，就是因为知道他是一位以信用和道义为立身处世首要原则的名士。

诚信乃做人之本，四海之内皆友人，得道多助，众人相帮。反之，人无信，遇事将孤掌难鸣，寸步难行。俗话讲：春种秋收，自己对人好，别人才能对你好，才能取得别人的信任。

优秀的人一定是值得信赖的人

　　诚信是企业创立之初的奠基石，是企业文化的重要体现，更是企业核心竞争力的重要组成部分。不守诚信，或许可"赢一时之利"，但一定会"失长久之利"。在风险投资界有句名言："风险投资成功的第一要素是人，第二要素是人，第三要素还是人。"这说明风险投资家非常重视创业者的个人素质。

　　大千世界，芸芸众生。世人大都渴望在这个弱肉强食的社会里功成名就、出人头地。然而，不管人世间的小聪明人如何精于算计，即使一时通过奸诈的手段获得眼前的实际利益，却总是跨不过命运这道门槛。因为最终人算不如天算，贪图小利者毕竟难成大器。上天总是青睐忠厚德高之士，不论商场还是战场，诚实守信的人比较容易获得成功。慈善忠厚、诚实守信的个性是取得成功的关键，同时也是使人生富有的源泉。

　　日本山一证券公司的创办者小池国三，就是一位以诚实忠厚起家的企业家。小池国三 13 岁时离乡背井，在一家小商店里做店员，同时替一家机器公司做推销员。

他在 20 岁时，自己开了一家小商店，依靠以前的推销经验，他十分顺利地在半个月内与 33 位顾客签订了合同，并且收取了定金。然而，不久之后，他发现他卖的机器比其他公司出品的同样性能的机器价格稍贵，他想，若是让与自己订约的客户知道了，一定会使他们后悔。于是小池国三带着合约书和订金，用了三天时间，逐户进行说明，请客户废止合同。这种诚实忠厚的做法，使他的客户深受感动，结果，33 户之中不但没有一个废约的，还加深了他们对小池国三的信赖和敬佩。诚实具有惊人的魅力，它像磁铁一样具有无形的吸引力。客户们都像小铁片般被小池国三的诚实所吸引，纷纷前来向他订货。诚实忠厚使小池国三财源广进，他最后成了日本企业界的名人。

通观古今中外成功人士的创业历程和人生轨迹，可以看到，成功的人都是值得信赖的人，因为他们的信赖是用自己的诚信换来的。在社会生活中，诚信的品格就像一笔丰厚的储蓄，它会源源不断地为人带来"利息"。

作为管理者，讲诚信可以产生人格魅力，增强亲和力和感召力；作为经营者，讲诚信可以在商界赢得信赖，降低交易成本；作为普通人，讲诚信会受到他人的尊重和信赖，拥有真诚的朋友。所谓名牌效应，就是诚信的品格在企业和产品中的凝结。人们之所以愿意买名牌产品，是因为名牌产品不但其使用价值可靠，而且已成为一种文化品位的标志。当今，一些国际知名企业已从追求商品信誉转变为追求企业信誉，使得公众从对某一商品的信赖上升到对生产者和经营者的信赖，凡某生产者和经营者的商品具有吸引力，就可以信任。由此可见诚信之重要。反过来，失信则会增大交际成本，会使许多简单的事情变得复杂艰难甚至不可能。为事不以诚，必事败；待人不以诚，则丧其德而增人怨。"不诚不达，不信不立"，这是亘古不变的人生哲理。

从某种意义上说，一个人若失去了财产，他只失去了一点，但若失去了诚信，就把一切都失去了。所以，但凡有理想有远见之人，都把诚信作为其立身行事的基点和最基本的道德要求。

古往今来的历史和现实都证明了一个颠扑不破的真理："唯有诚信才能立足于社会，唯有诚信才有机会获得成功和财富。"凡能成就大业者，多以信义布天下。

信守诺言，方得人心

　　春秋时期，晋国的国君晋文公是"春秋五霸"之一，他以"信"立国，赢得了百姓的信任。在他的治理下，晋国一天比一天强盛起来。

　　有一年，周朝天子周襄王把原伯贯的土地改封给了晋文公。晋文公预料到原伯贯不会轻易地交出土地，便传令下去，准备三天的粮草，进行强攻。

　　原伯贯果然不愿意归顺晋国，他欺骗城里的百姓说："晋国的军队不久前攻占了阳樊，把那里的大人小孩都杀了。现在，阳樊城里尸横遍野，血流成河。"原国的百姓信以为真，决心死守城池，不让晋军攻进来。

　　晋文公见原国的百姓不肯归服，便向城里喊话说："我军只准备了三天的粮草，要是三天攻城不下，我们立即撤兵，决不会伤害百姓！"

　　晋军攻城两天没有攻下来。第三天晚上，晋国派往原国的间谍回来，带来了"原国准备投降了"的消息，说原国的百姓已经知道了原伯贯的话是骗他们的。晋军将士听到这个消息后，就劝晋文公，请他再等一等，不要马上撤退。

晋文公则坚持撤退。他说："我已经说过了，攻城以三天为限。如果三天攻不下，我将信守诺言，立即撤军。你们不要再有别的想法了，就准备明天撤军吧！"

晋军将士对晋文公的做法很不理解。有个将军又劝晋文公说："既然原国已经准备投降，我们不就可以轻而易举地拿下这个城池了吗？主公何必多此一举呢？"

晋文公说："我们绝不能只看到一城一池的得失。信用，是治国的法宝，也是安民的法宝。国君讲信用，老百姓才有安全感。这次我们来收复原国，许诺是攻城三天，这是众所周知的。哪怕我们多待半天，那也是不守信用啊！得到原国，而失去信用，用什么去维护百姓呢？这样，丢失的反而更多！"

于是，第四天一大早，晋军的将士便打点好行装，悄无声息地向后撤退了一舍（即三十里）。

原国的老百姓发现围城的晋军真的撤走了，一兵一卒都没有留下，无不奔走相告："晋文公真是讲信用啊！他宁可失去原国，也不愿失去信用，这才是我们老百姓可以信赖的君主啊！"

于是，百姓们拥到城楼上，将原国的旗子降下来，然后去追赶晋文公的军队，请他们回来。原伯贯见大势已去，只得打开城门，做好投降的准备。

原国的百姓们追了三十里，来到了晋军的驻扎地，劝说晋军回去收复原国。这时，原伯贯派人送的降书也到了。晋文公这才下令军队掉转方向，朝原国进发。晋军进城时，城中的百姓夹道欢迎，场面十分热烈。

晋文公以"信"立国，把信用当作治国安民的法宝，他宁可失去原国，也不愿失去信用，表明他是一位诚信君主。治国凭借信用，可以赢得民心；打仗凭借信用，可以不战而胜。可见信用的威力之大，它不仅是一种美德，有时还是一种武器。

诚信更是一种做人的原则。固然，诚信没有重量，却可以让人重于泰山；诚信没有标价，却可以让人心灵高贵；诚信没有体积，却可以让人心胸宽广，高瞻远瞩；诚信没有色彩，却可以让人情绪高昂、愉悦！没有诚信的人肯定是一个人格上存在缺陷的人；没有诚信的人肯定是一个得不到他人信任的人；没有诚信的人也注定是一个孤独的人。

"诚者，天之道也；思诚者，人之道也。"知荣辱者，首先明确做人要以诚信为荣、诚信为本。诚信作为一种人生境界，是一个高品位的人终生最弥足珍贵的精神财富。拥有万贯资财不足以炫耀，因为缺乏了诚信一切都黯然失色，而拥有诚信者，走遍天下无所顾忌，幸福和成功随时随地会降临。以诚信为荣，祛除私欲，奉公守法，方能行得正、坐得稳、心自静、身康宁。缺少诚信，就是缺失崇高和壮美。诚信不存，荣辱观淡漠，而靠丧失诚信暴发的一些人，外在的奢华与内涵的鄙陋形成强烈反差，一时很风光，到头来却栽跟头、倒大霉。

古代济阳有个商人过河时船沉了，他抓住一根大麻杆大声呼救。有个渔夫闻声赶到。商人急忙喊："我是济阳最大的富翁，你若能救我，给你一百两金子。"待被救上岸后，商人却翻脸不认账了。他只给了渔夫十两金子。渔夫责怪他不守信，出尔反尔。富翁说："你一个打渔的，一生都挣不了几个钱，突然得十两金子还不满足吗？"渔夫只得怏怏而去。不料后来那富翁又一次在原地翻船了。有人欲救，那个曾被他骗过的渔夫说："他就是那个说话不算数的人！"于是商人淹死了。

商人两次翻船遇到同一渔夫是偶然的，但商人的不得好报却是在意料之中的。因为一个人若不守信，会失去别人对他的信任。所以，一旦他处于困境，便没有人再愿意出手相救。失信于人者，一旦遭难，只有坐以待毙。

当今时代，需要诚信、渴望诚信、呼唤诚信。作为社会关系总和的人，为人做事、处世立业应该讲诚信。一个人如果讲诚信，其心就会善良，心胸就会宽阔，心底就会坦然，就会活得潇洒，活得自在，活得不落俗套，就会受到别人的尊敬和信任。而一个人如果不讲诚信，心灵就会丑恶，心胸就会狭窄，心底就会龌龊，就会在生活中丧失友谊、欢乐和帮助，就会胡乱地烦恼别人、嫉妒别人、伤害别人，就会受到别人的鄙夷、社会的唾弃。若人人讲诚信，整个社会就会重仁厚义，和谐安定，人丰民富，安居乐业；人与人之间的相处就会光明磊落，从而同心同德，奋力拼搏，高效务实，创造超越，成就大业。因此，我们应该共同努力让诚信植根于广袤大地、扎根于人们的心灵。

诺言之所以能成为一种力量，是因为信用具有无上的价值。诺言是神圣的，承诺是金。信守诺言，是深深镌刻在人类文明历史上的传统美德；信守诺言，是人际交往的准则。只有遵守这一准则，我们才能在人与人交往中一路"绿灯"畅行。

以诚待人，才能聚集人气

诚可以感天地，诚可以动人心。诚犹如一种神奇的磁石，它能将人气聚旺，人心吸牢。"推心置腹"这个成语出自《后汉书·光武帝纪》，说的是光武帝刘秀以诚意和仁德感化降将的故事。

公元 9 年 12 月，王莽（邯郸市大名县人）篡夺汉朝政权，建立新朝。

公元 19 年，我国湖北省西北部荆州一带发生了严重灾荒，饥民们举起了起义大旗，反对王莽政权的黑暗统治。他们以绿林山（今湖北钟祥东北）为根据地，称为绿林军，声势很大。

又过了几年，汉室宗亲刘玄、刘秀也举着反对王莽统治的旗号参加了绿林军。

公元 23 年，农民领袖刘玄当了皇帝。刘秀驰骋疆场屡立战功，刘玄封他做了破虏大将军，并且让他去河北，扩大力量，安抚人心。刘秀到河北后，了解到邯郸有个叫王郎的算卦先生，冒充汉皇室后裔，自封为皇帝，招兵买马，拉起了一支不小的队伍。

刘秀就联合当地各郡县的人马，很快地消灭了这股割据势力。刘秀从缴获的公文中，发现了一些郡县官吏和富户人家与王郎的来往书信，内容大都是些吹捧王郎的，诽谤他刘秀的。

刘秀认为这已是过去的事了，大略翻了翻，随即当着众将领的面，把这些材料统统焚烧了。这一来，刘秀可真大得人心，许多人都对刘秀更加信赖。根据刘秀立下的战功，刘玄又加封他为萧王。

公元 24 年，刘秀又率军队打败了另一支农民起义军铜马，铜马的几十万军队都归顺了他。刘秀对那些投降的起义军首领大都委派了官职。但被收编的官兵不少人仍然疑惧不安，担心刘秀不会真心地信任他们。

于是刘秀就请他们各回各的营寨，仍然带领他们原来的人马。而刘秀只带上几个随从，骑上一匹马，就一个一个营帐去看望大家。对那些收编过来的将士问寒问暖，表示关怀。

这些将士很受感动，私下里都互相谈论说："萧王推赤心置人腹中，安得不投死乎！"意思是说：萧王刘秀这个人对人真诚恳，把赤诚的心都交给了我们，我们怎么能不为他赴汤蹈火呢？后来人们就把这句话，简化为"推心置腹"这个成语，用来比喻真诚待人。

从前，有一个国王，名叫乾夷。他为人忠厚，聪明能干，是个热心人。他对百姓的疾苦也非常关心，常常想尽方法帮助他们解决困难。因此，方圆千里左右的老百姓听说了，纷纷从四面八方前来投靠他。但是，他的善行、为人，尤其是得到众多百姓的拥护，却使得有些人极为恼恨。

在国王的邻国，有个修道的婆罗门，生性狠毒、心胸狭窄，出于对乾夷王的嫉妒心，便千方百计地想要害死他。

一天，他来到乾夷王住的宫殿前，对国王说："陛下！您的恩泽遍及四方，无人不晓；有识之士，无不称赞您的伟大德行。您是否能满足我的愿望呢？"

婆罗门见国王欣然同意，狡诈地笑了笑，接着又说："陛下崇尚施舍，总是有求必应，现在我有一事相求。我要举行一次祭祀，已经是万物齐备，只差一颗人头。希望求得大王的头，来实现我的愿望。"

国王奇怪地问："难道我的头有什么特别的，一定要有它，才能完成祭祀吗？你知道，没有头我就活不成了。我有很多宝物，这样吧！你要什么宝物，我就给你什么，要多少给多少，行不行？"婆罗门摇头说："我什么也不需要，只要大王的头。大王！刚才您已答应过，要满足我的愿望，您应该讲信用，遵守诺言。"

国王想了想，说："好吧！请你等几天。"国王连忙下令，召集能工巧匠，拿出仓库中的珍珠、珊瑚等奇宝，做了好几百颗与自己的脑袋一模一样的人头，又叫来婆罗门，说："这些人头与我的人头一模一样，你把它们带走吧！"婆罗门仍摇着头说："大王，我来找您，并不是缺少钱财；您送这么贵重的礼品，我无论如何都不能接受，我只要求您遵守诺言，把您的头交给我，别的我都不要。"国王从来没有拒绝过别人的请求，更不曾料到婆罗门的真正目的，便决定要满足对方的要求。于是，他毫不犹豫地走到殿外，把头发缠在树上，说："好！我将头施给你。"

婆罗门见时机已到，嗖的一声，抽出腰刀，快步走向大树。这一切事情，都被树神看在眼里，心中恨透了这个无耻的婆罗门。就当婆罗门举刀正要靠近国王时，树神冷不防地用手猛力抽打婆罗门的脸颊，抽得他踉踉跄跄、连连倒退。婆罗门晕头转向，连刀也掉落在地上，无论他怎么尝试，就是无法接近大树一步。婆罗门心知不妙，连刀也顾不得拿，就仓皇地逃走了。

国王得到树神的保护，安然无恙地回到宫中。全国百姓听到这件事，无不拍手称快，庆幸不已。从此以后，他们更紧密地团结在国王的周围，努力发展生产，人人过着安居乐业的生活。

人们常说，善有善报，恶有恶报。诚信守信、宽厚仁慈的国王关心百姓疾苦，为百姓办实事，得到百姓的拥护和爱戴。当国王在遭到婆罗门的暗算时，连树神都被国王的真诚所感动，主动帮助国王，使他脱离危险。可见，诚恳待人是感化人心、赢得人气的重要法宝。它能塑造自身的魅力，并极大地提高凝聚力。

诚信是一种力量，它让卑鄙伪劣者退缩，让正直善良者强大，诚信无形，却在潜移默化中塑造无数有形之身，永不褪色。诚信以卓然挺立的风姿和独树一帜的道德，高度赢得众人的信任和爱戴。

坦诚之人才会有所依靠

明代学者高攀龙曾说："吾立于天地间，只思量做好一个人，乃第一要义。""人"字看似只有一撇一捺，但要在人生中"写"好却并非易事。人生在世不见得非得为将为帅、顶天立地，但起码要对得起自己的良心。做人的标准含义宽如天海，深若渊薮，古往今来、时世更迭很多人都在探索着、实践着。关键的、根本的是做一个真实坦诚的人。

坦诚包含两层意思：一曰诚信；二曰坦率。先说诚信。"君子修身，莫善于诚信。"这是古人对诚信的认知。"真诚换真心，诚信变真金"。这是现代人对诚信的理解。现实中诚信的重要性体现在方方面面。没有诚信交不了朋友，没有诚信谈不成生意，没有诚信干不了大事，所以说，诚信是做人最基本的道德底线。

一天，一个顾客走进一家汽车维修店，问店主："我是运输公司的司机，能在我的账单上多写点零件吗？这样我回公司好报销，不过，也不让你自写，我会给你好处的。"但店主拒绝了他。

这位顾客继续说："为什么这么不合作？我可是一个大主顾，如果我常来的话，你会赚到很多钱的！"店主还是拒绝了他。顾客气急败坏地喊："我就没见过你这么傻的人！我看你太傻了。"店主也生气了，高声说："请你马上离开，这样的生意还是请你到别的地方去做。"然而，顾客马上握住店主的手说："我就是运输公司的老板，我正在寻找一个固定的、信得过的维修店，就是你了，你还让我到哪里去谈这笔生意呢？"

金银玉帛并非宝贝，真正的宝贝应该是诚信。诚信是美好世界的一部分，是人最基本的素质，是人与人之间的关系得以维系的重要保证，是正立于天地之间的脚下基石……诚信会为你赢得友谊、尊重和你想要的一切！它的价值是无法用数字估量的。

诚信是为人最起码的道德底线。古人云："君子修身，莫善于诚信。夫诚信者，君子所以事君上，怀下人也。""人心换人心，八两换半斤"，这是我们在人际交往中对诚信的认知和理解。现实生活中诚信的重要性不仅体现在没有诚信交不了朋友，没有诚信谈不成生意，没有诚信干不了大事。它还深刻地阐明了"诚实是最好的策略，最大的智慧，而世界上最聪明的人就是最诚实的人"这个人生的哲理。你可能说一百句假话而被别人相信，也完全可能因为一句谎言的败露而身败名裂。

同样的道理，为人要做到真实、让人信赖，还必须拥有一种坦率的态度。我们混迹在竞争激烈的职场，生活和工作中常常需要人与人之间的交流沟通。最好的方法，最有效的行为就是坦率，说话直截了当、开诚布公。

李嘉诚在创业初期资金极为有限。一次，一个外商想向李嘉诚大量订货，但他却有一个条件，那就是得有一个富裕的厂商替李嘉诚做担保。李嘉诚为了拿到这笔订单，一连跑了几天也没有着落。他只好对外商据实相告。外商被他的诚信深深感动，对他十分信赖，说："从阁下言谈之中可以看出，你是一个诚信君子。不用其他厂商做担保了，现在我们就签约吧。"

虽然是个好机会，但是李嘉诚在感动之余还是说："先生，承蒙你如此信任，我感激不尽，但我还是不能和你签约，因为我的资金真的有限。"外商听了，更加佩服他的为人，不但签了约，还预付了货款。

这单生意让李嘉诚大赚了一笔，为后来的发展奠定了坚实的基础。由此，李嘉诚也悟出了"坦诚第一，以诚待人"的原则，并一直坚持下去，从而获得了日后的巨大成功。

北宋哲学家程颐曾说过："人无忠信，不可立于世。"为人坦诚，做老实人，讲老实话，办老实事，表里如一，心口一致，就能赢得别人的信赖；言必信，行必果，就能赢得别人的尊重；真诚相待，互相帮助，互相学习，心心相印，就能"海内存知己，天涯若比邻"。

可以说，坦诚待人不但是做人的美德，而且是增强人与人之间团结的纽带。只要我们敞开心扉，将心比心，襟怀坦荡，光明磊落，身边的知心朋友就会多起来，就能实现真诚的团结。反之，上级防备下级提意见，下级害怕领导穿"小鞋"，同级之间乱猜疑，人人惶恐自危，处处设防，无形中在同志之间、班子内部竖起一道道隔心墙。这样相互掣肘，钩心斗角，又如何能沟通心灵、融洽感情、形成凝聚力呢？

坦诚是沟通人际关系最好的桥梁。你对别人坦诚，别人也会对你敞开心扉；你对别人设防，别人也就会对你筑起心灵之墙。郭沫若曾经说过一句很精辟的话："有诚便能有勇，所谓'真金不怕火来烧'，这种人，他能勇于面对现实，勇于正视自己的过错，更勇于对抗外来的一切横逆、污蔑、诱惑、冷视。"

至诚之心必能感人

你知道这个故事吗？早年在尼泊尔的喜马拉雅山南麓很少有外国人涉足。后来，许多日本人到这里观光旅游，据说这是源于一位少年的诚信。

一天，几位日本摄影师请当地一位少年代买啤酒，这位少年为之跑了三个多小时。

第二天，那个少年又自告奋勇地替他们买啤酒。这次摄影师们给了他很多钱，但直到第三天下午那个少年还没回来。于是，摄影师们议论纷纷，都认为那个少年把钱骗走了。

第三天夜里，那个少年却敲开了摄影师的门。原来，他只购得 4 瓶啤酒，而后，他又翻了一座山，趟过一条河才购得另外 6 瓶，返回时摔坏了 3 瓶。他哭着拿着碎玻璃片，向摄影师交回零钱，在场的人无不动容。这个故事使许多人深受感动。后来，到这儿的游客就越来越多……有人说，诚信是金。而我认为金子有价，诚信无价，诚信更胜于金。诚信是无形的财富，是人间最美好的财富！

诚能动人，至诚可以胜天。在内心播下至诚的种子，在行动中履行至诚的箴言，必将能使人生奏出动人的音符。

春秋战国时期，齐国有一位名叫崔杼的贵族，不但生性残忍凶狠，而且权势很大，有时甚至掌有比齐国的国君庄公还大的权力。后来因为一件私事，崔杼一怒之下竟把齐庄公给杀了。

然后，他又另外立了一位新君，开始独断专行起来。当时有许多人对他不满，但是他们敢怒而不敢言，这又助长了崔杼的恣意妄为，他变得比以前更加残暴了。

当时记载国史的官员叫太史，也叫大史。每个人都想在历史上留下美名，崔杼也不例外，这一天，崔杼把太史伯叫到跟前，对他说："你在记载齐庄公死亡时，就写是病死的，千万别写是我杀死的，知道吗？如果你照我的意思去办这件事，将来就会有享不尽的荣华富贵。"

太史伯听完之后，丝毫没有犹豫，就对崔杼说："身为太史，我的任务就是秉笔直书，我不会歪曲历史，我会实事求是地记载历史。"

崔杼听后，非常恼火，他想满朝文武都不敢对他说一个"不"字，没想到一个小小的太史竟然敢跟他作对，就想把他杀了。又转念一想：这些文官个个口是心非，他只是想表明一下自己的清高，事实上，他肯定会老老实实地按我的意思做。想到这里，他便问太史伯："那你打算怎么写呢？"太史伯说："我写好之后，自然会拿给你看。"

过了几天，太史伯写好之后，就让人送给崔杼看。崔杼一看，上面竟写着：某年，某月，某日，崔杼弑庄公。崔杼看后，气得把史书撕了个粉碎，骂骂咧咧道："这个不识好歹的东西，竟敢不听我的话，我要让你下地狱！"于是他命人把太史伯给杀了。

太史伯死后，他的弟弟太史仲继承了哥哥的职位。失去哥哥的悲痛还没有消逝，太史仲就毅然拿起了太史伯曾经用过的笔，准备完成哥哥未了的遗愿。这时有一位好心的官员劝他说："你别傻了，你难道忘了太史伯是怎么死的吗？你这样做，不是明摆着跟崔杼作对吗？你是斗不过他的，还是老老实实按他的意思写吧，保命要紧呀！"

太史仲听后，笑了笑说："我只知道实事求是地记载历史是我的责任，其他的我就管不了了，如果崔杼要杀我，就让他来吧，我是不会被他的淫威吓倒的。"

于是，太史仲再次记下了崔杼弑庄公的罪行，除此之外，又记下了崔杼的另一罪状："崔杼杀太史伯。"

崔杼知道太史仲仍然和自己作对时，气得额头青筋直跳，大怒道："好，既然你不怕死，我就成全你，让你与太史伯在阴间相会吧！"于是他又把太史仲杀了。

太史仲被杀后，太史伯的另一个弟弟太史叔继承了哥哥的职位，他当然没有忘记两位哥哥是怎么惨死的，他眼含泪水依然拿起了哥哥的笔，记下了崔杼的罪行，同时又增加了第三条罪状："崔杼又杀死了太史仲。"

崔杼知道后，真是被他们兄弟三个气坏了，毫不留情地处死了太史叔。他想：我连着杀了三个太史，这回应该没有人敢跟我作对了吧，崔杼万万没有想到接下来的太史季又一次如实地记下了崔杼杀齐庄公的事实。

崔杼气得声嘶力竭地说："难道他们都不怕死吗？"这时有位官员提醒他："大人息怒，您不能再杀太史了，这件事已经闹得沸沸扬扬，事实是任何人也改变不了的，就算太史不记，也肯定会有其他人记的。您杀的太史越多，越会增加您的罪行。而且对于此事，满朝文武已经议论纷纷，再这样杀下去，会引起众怒的，到时候局面就不可收拾了。"

崔杼听后，觉得有道理，虽然怒气难消，但再也不敢杀太史了。

古往今来，世人无不以至诚为思想境界的最高追求。因为至诚是做人的根本，是交往的准则，更是社会和谐的基础。尔虞我诈、坑蒙拐骗或可得逞于一时，但终究比不上诚实守信、宽以待人能芳泽延绵至永久。"以诚感人者，人亦诚而应"，"精诚所至，金石为开"。诚，能化猜忌为理解，化隔阂为融洽，对工作、对团结、对身心都有好处。

相信自己，能够信任他人

曾经看过这样一个故事：

一艘货轮在烟波浩渺的印度洋上行驶，一个在船尾负责勤活儿的黑人小孩不慎落入海里，孩子大喊救命，无奈风大浪急，船上的人谁也没有听见，他眼睁睁地看着货轮拖着浪花越走越远……求生的本能使孩子在冰冷的海水里拼命地游，他用尽全身力气挥动瘦小的双臂，努力让头伸出水面，睁大眼睛盯着轮船远去的方向。

船越走越远，船身越来越小，到后来，什么都看不见了，只剩下一望无际的汪洋。孩子的力气也快用完了，实在游不动了，他觉得自己要沉下去了。

"放弃吧。"他对自己说。

这时候，他想起老船长慈祥的脸和友善的眼神。

"不！船长知道我掉进海里后，一定会来救我的！"孩子鼓足勇气，用生命的最后力量又朝前游去……船长终于发现那个黑人孩子失踪了，当他断定孩子是掉进海里后，下令返航，要回去找。这时，有人规劝："这么长时间了，就是没有被淹死,也让鲨鱼吃了……"船长犹豫了一下,但最终还是决定回去找。又有人说:"为一个黑奴孩子,值得吗?"船长大喝一声:"住嘴!"

终于,就在那孩子就要沉下去的最后一刻,船长赶到,救起了孩子。

孩子苏醒后,跪在地上感谢船长的救命之恩,船长扶起孩子问:"你怎么能坚持这么长时间?"

孩子回答:"我知道您会来救我的,一定会的!"

"你怎么知道我一定会来救你?"

"因为我知道您是那样的人!"

听到这里,白发苍苍的船长泪流满面地将孩子搂在怀里说:"孩子,不是我救了你,而是你救了我,我为我在那一刻的犹豫而耻辱,同时为被你信任而幸福……"

这个故事的感人之处不在于孩子最终被救,而是信任。黑人小孩之所以被得救,那是因为他相信自己的判断,船长是那么好的一个人,肯定要来救他的,因此给了他求生的欲望和勇气,最后终于等到了船长的救援。

学会信任别人吧,信任是相互的。一个人能被他人相信也是一种幸福。他人在绝望时想起你,相信你会给予拯救或帮助,就像那个孩子之于船长,那更是一种幸福。

但在我们现实工作中,许多人都会说:我相信我自己,我是最棒的!当我们在喊这些口号时,我们是否真的相信自己?我们会不会一出门或遇到一点困难就忘掉刚才所喊的那句话呢?

有一位顶尖级的杂技高手,一次,他参加了一个极具挑战的演出,这次演出的主题是在两座山之间的悬崖上架一条钢丝,而他的表演节目是从钢丝的这边走到另一边。

演出就要开始了,整座山聚满了观众,当中有记者、有主办单位、赞助商和看热闹的人群。这时，只见杂技高手走到悬在山上的钢丝的一头，然后用眼睛注视着前方的目标，并伸开双臂，第一步、两步、三步，慢慢地杂技高手终于顺利地走了过去，这时，整座山响起了热烈的掌声和欢呼声。"我要再表演一次，这次我要绑住我的双手走到另一边，你们相信我可以做到吗？"杂技高手对所有的人说。我们知道走钢丝靠的是双手的平衡，而他竟然要把双手绑上。但是，因为大家都想知道结果，所以都说："我们相信你的，你是最棒的！"杂技高手真的用绳子绑住了双手，然后用同样的方式一步、两步终于又走了过去，"太棒了，太不可思议了"所有的人都报以热烈的掌声。但没想到的是杂技高手又对所有的人说："我再表演一次，这次我同样绑住双手然后把眼睛蒙上，你们相信我可以走过去吗？"所有的人都说："我们相信你！你是最棒的！你一定可以做到的！"

杂技高手从身上拿出一块黑布蒙住了眼睛，用脚慢慢地摸索到钢丝，然后一步一步地往前走，所有的人都屏住呼吸为他捏一把汗。终于，他走过去了！顿时全场掌声雷动！"你真棒！你是最棒的！你是世界第一！"所有的人都在呐喊着。

表演好像还没有结束，只见杂技高手从人群中找到一个孩子，然后对所有的人说："这是我的儿子，我要把他放到我的肩膀上，我同样还是绑住双手蒙住眼睛走到钢丝的另一边，你们相信我吗？"所有的人都说："我们相信你！你是最棒的！你一定可以走过去的！"

"真的相信我吗？"杂技高手问道。"相信你！真的相信你！"所有的人都说。

"我再问一次，你们真的相信我吗？"

"相信！绝对相信你！你是最棒的！"所有的人都大声回答。

"那好，既然你们都相信我，那我把我的儿子放下来，换上你们的孩子，有愿意的吗？"杂技高手说。

这时，整座山上鸦雀无声，再也没有人敢说相信了。

所以，我们应该这样说，只有自己真正地相信别人，才能让别人相信你。只有自己感动了，才能感动别人。上面的故事就是一个很好的诠释。

人不是孤立地生活在人世间，总要和身边的人，远方的人，熟悉的人，陌生的人，见过的和没见过的人打交道。人心向善，把别人往好里想，信任别人，便会觉得生活很温暖，很轻松，反之，总是猜疑别人，只会活得很累，很苦。

在我家附近有一个水果摊，老板是一对年轻的夫妻，每天孩子们放学的时候，他们的摊子跟前都挤满了买水果的人，我经常会看见有人买完水果以后对他们说明天把钱送来，出于好奇我问了问他们，不怕买水果的人不把钱送来吗？他们憨笑着说，有什么怕的，这都是良心账，人家也不缺这几个钱啊。听完以后，我沉默了很久，如果说人与人之间没有了信任，只有猜疑和冷漠，那么也就没有今天和谐美好的社会了。

人与人之间多一分信任，就多一分温馨，你能够被别人信任，你就多得了一分尊重，少了一丝轻蔑。一个人不管本事多大，能力多强，如果经常撒谎骗人，还以为别人都没有发现，看不出来，做什么事都言行不一，失信于人，失信于民，那他一定是最大的失败者，最终绝不可能长期得逞，也不会有所作为。

机会往往属于恪守诚信的人

　　做老实人，说老实话，办老实事，诚信乃是做人的根本。拥有诚信的美德，机遇便可能在你意想不到的时候向你敞开一扇明亮的窗户，向你伸出热情的手。

　　20 世纪 90 年代初，随着一股下海淘金的热潮，内地好多有志于创业的青年都涌向了南方。一位年轻的小伙子也加入了淘金的大军，独身一人乘火车南下，寻找成功的机会。由于疲劳过度，小伙子竟然睡着了，一觉醒来，深圳马上就要到了。然而，他发现他的旅行包却不见了。包里有钱、证件，还有车票，没票自然出不了站，即便出了站，身无分文又如何生存？于是，他打算在深圳下车，不出站直接补票打道回府，可是补票的钱从何来呢？无奈之下，他鼓足勇气厚着脸皮尝试着向几位旅客借，未果。因为当时他不能提供有力的证据证明他的身份，平白无故谁会相信他呢？最后，他沮丧地向一位戴眼镜的老者走去。

　　"先生您好，我遭窃了，能否借我 100 元返程路费？我一定双倍奉还。"

他诚恳地说道。

老者迟疑了片刻，就把钱给了他。

谢过之后，他一再坚持要老者留下地址，对方犹豫了老半天才给他留下了地址。

到家后，他立刻将200元钱寄给了那位老者，并附寄一封信，感谢那位素不相识的老者对他的信任，解了他的燃眉之急。

不久，他补办好相关证件后再度南下，被深圳一家公司聘为采购部经理。由于公司刚成立不久，资金紧张，眼看着就要因原料短缺而停产，任他磨破嘴皮跑断腿，也没人肯供货。老板不得已只得亲自出马，带他一同驱车前往广州，找一位供货商协商。一路上，老板说他们即将拜访的是业内最大的原料供应商，这人有个特点，从不轻易赊账，除非是老客户。如果能得到他的帮助，公司就会有转机，但是，因为是初次打交道，此行能否成功，老板心里根本没底。

接下来的见面很是出人意料，原来他们要拜访的对象竟然会是他——那位借钱给他的老者！

一回生，二回熟，他们一同进餐，席间聊了很多。老者不无感慨地对他说："我借给你钱的时候，其实根本就没指望你真的会还。"

他说："如果对一个信任我的人失信，我会一辈子愧疚不安的！"

"小伙子，谢谢你这么尊重我，与你这么讲信用的人合作，我放心！"老者言毕，随即与他的公司签订了一份长期合同，保证提供充足的货源。

诚信是一种考验，它没有考场，没有考时的限制，然而却随时随处都可能来临。考验来临的时候，我们不可能因为主观或客观的因素而退让或松懈或徇私。否则，结果将是残局。只有时刻准备着，诚信地迎接一切的到来，才是最佳的选择。

　　某文化企划公司的老总接手了一本杂志，紧锣密鼓地开始搜罗人才，于是小王和小刘两人被朋友推荐到了老总那儿。老总要他们自己报个薪酬，小刘说，好多家报刊请他去，开价不菲，6000元吧！老总面有难色，可想想人才难得，再说一下子找个合适的人才也不容易，就答应了。然后老总又问小王，小王说，我先做吧，你看多少合适就给多少。

　　其实，他们都知道老总有几百万的身家，出手豪爽。小王想老总虽说是个富翁，可也是一分一厘挣来的，并不容易，自己先把事情做好了，老总不会亏待自己的；而小刘则想老总有那么多钱，现在又着急做事，不宰白不宰。

　　杂志筹办阶段的事情繁杂，小王骑着破自行车，在炎炎烈日下四处奔走；而小刘则是出门打的，不时拿着一大沓车票找老总报销。

　　一天夜里，小王与老总商讨事情到很晚，老总说肚子也饿了，找个地方吃夜宵吧。"到重庆火锅城怎样？"老总问道。小王知道那是高消费的地方，便说："就我们两个人，不必那么奢侈了，就近找个干净些的小店就行。"于是，两人只用了10元钱就吃了个饱。回到老板的车上，老总随手拿起几张发票说："小刘说是请个关系户吃饭向我报销，有六千多元吧。"老总的话里虽然没有指责，可小王心里不免为小刘担心。

　　数月的操劳终于有了结果，杂志一期一期地出版了，销量连连上升，广告额也一路向上走。老总有一大堆的事儿要忙，要从他们两人中选个主持工作的主编，没有过多地比较，他一下子就把担子交给了小王。

　　后来的一件事却改变了小刘的前程。小刘拿着一大把旅行车票和请客的发票要小王签字报销，小王犯难了。于是，小刘发火了："又不是你的钱你心疼什么？"事情摆到了老总的面前，老总二话没说就签了字，小刘正偷着乐时，老总发话了，请他另谋高就。事后，小王从其他人嘴里知道小刘是带着女朋友出去玩了一圈。

过了多年，老总因为投资失误而破产了，杂志也被主办单位收回，小王失业了。他把杂志社的事情料理好后准备到外地谋职，看着坐了好多年的办公室，他有点留恋。这时电话铃响了，老总说有个要好的朋友想认识他一下，请他出来吃饭。到了饭桌上小王才知道，老总把他推荐给了一个在电视台做制片人的要好的朋友。第二天，小王就到电视台上班了，给那位制片人做策划。再后来，又经原先那位老总的极力推荐，小王被正式调入了一家颇有名气的杂志社，结束了自己流浪打工的生涯。

不论是对老板，还是对同事或是朋友，我们不能只顾自己的利益，以致不惜用上坑蒙拐骗的方法，而应当设身处地为对方着想，多点真诚，那么我们便会从他人那里获得更多的诚信美誉，从而会有更多的机会。

如果你要想在事业上有所成就，机遇对于你来说是很重要的。每当机遇来临时，你要把握机遇，并敢于去冒险，而冒任何险都不能失信，这才是无往不胜的法宝。

诚实守信的人才是人生大赢家

安信伟光地板（上海）有限公司，2007 年年初收购了宝钢旗下宝优特地板品牌，引起业内瞩目。取得这样的成绩，安信公司董事长兼 CEO 卢伟光说："'安信'在巴西能有今天的地位，完全是因为 1999 年的一次赔本生意。"

1999 年底，卢伟光遇到了从商之后最严峻的一次考验。那年春节前夕，因为市场被普遍看好，他从巴西预订了很多木材，但按照传统习俗，绝大部分装修工程在那时候都停工暂歇，没人买货，商家手头的现金一下子窘迫起来。不知道是巧还是不巧，印尼盾暴跌，1 美元本来可以兑换 8500 印尼盾，一下子跌到了 1∶13000，大部分供应商都转向印尼采购，包括和巴西合作多年的中国台湾人。因此卢伟光就无法从存货中套现来支付订货的款项，而他的储备资金也用完了，他遇到了做生意以来最大的一次挫折——资金链出现问题了。

行业内很多人会在这个时候对供应商采取吹毛求疵、拒收拒付的对策，但卢总深知如果毁约的话，自己这 3 年在巴西辛苦经营的渠道和信用都要毁于一旦。于是他下定决心兑现承诺，他觉得到了可以动用自己之前积累的一些金钱之外的财富的时候了。

他和自己下游的经销商商量，能否帮忙调节一些资金，等销售启动后再用销售款弥补，又"厚起脸皮"向亲戚朋友借了一些钱，卢伟光最终完好地兑现了自己对巴西一百多个供应商的承诺。

现在看来，当时亏本是值得的，之后，安信在巴西确立了良好的名声，也取得了现在的优先采购权，当时的亏本早已弥补回来。卢伟光始终认为，资产是有限的，信用是无价的，他可以损失一些资金，损失一些利润，这都是有限的、看得见的，但如果损失信用的话，那他或许什么也没有了。

中国香港著名实业家李嘉诚先生多年的成功经验告诉我们："做事先做人，一个人无论成就多大的事业，人品永远是第一位的，而人品的第一要素就是诚信。"因为诚信是一种长期投资，唯有长期遵守诚信原则，才能建立和维护你的信誉和品德，才能取得持续的成功。

拥有诚信价值观就意味着一个人可以在大是大非的问题上做出正确的抉择，意味着他是一个有道德、讲信用、负责任的人，是一个值得信赖、值得委以重任的人。

有一个士兵，非常不善于长跑，所以在一次部队的越野赛中很快就远落人后，一个人孤零零地跑着。转过了几道弯，他遇到了一个岔路口，其中一条路，标明是军官跑的；另一条路，标明是士兵跑的小径。他停顿了一下，虽然对做军官可以连越野赛都有便宜可沾而感到不满，但是他仍然朝着士兵的小径跑去。没想到过了半个小时后到达终点，他却是名列第一。他感到不可思议，自己从来没有取得过名次不说，连前50名也没有跑过。但是，主持赛跑的军官笑着恭喜他取得了比赛的胜利。

过了几个钟头后，大批人马到了，他们跑得筋疲力尽，看见他赢得了胜利，也觉得奇怪。但是大家突然醒悟过来，在岔路口诚实守信，是多么重要。

如果把生命比作一望无际的大海，那么诚信就是你乘风破浪的船艇；如果把生命比作一条漫长无尽的道路，那么诚信就是一个最好的开路帮手。如果没有诚信，你将会一事无成，有了诚信，你才会受益终生，你就是一位真正的赢家！

心诚坦荡可以使流言不攻自破

西晋时的石苞，面对不平，心底无私，使晋武帝终于自省，也消除了自己的不平之境。

石苞是西晋时期一位著名的将领。晋武帝司马炎曾派他带兵镇守淮南，在他的管区内，兵强马壮。他平时勤奋工作，各种事务处理得井井有条，在群众中享有很高的威望。当时，占据长江以南的吴国还依然存在，吴国的君主孙皓也还有一定的力量，他们常常伺机进攻晋朝。对石苞来说，他实际上担负着守卫边疆的重任。

在淮河以南担任监军的人名叫王琛。他平时就瞧不起贫寒出身的石苞，又听到一首童谣说："皇宫的大马将变成驴，被大石头压得不能起。"石苞姓石，所以，王琛就怀疑这"石头"就是指石苞。

于是他就秘密地向晋武帝报告说："石苞与吴国暗中勾结，想危害朝廷。"而在此之前，风水先生也曾对晋武帝说："东南方将有大兵造反。"等到王琛的秘报送上去以后，晋武帝便真的怀疑起石苞来了。

正在这时，荆州刺史胡烈送来了关于吴国军队将大举进犯的报告。石苞也听到了吴国军队将要来进犯的消息，便指挥士兵修筑工事，封锁水路，以防御敌人的进攻。晋武帝听说石苞固守自卫的消息后更加怀疑，就对中将军羊祜说："吴国的军队每次来进攻，都是东西呼应，两面夹攻，几乎没有例外的。难道石苞真的要背叛我？"羊祜自然不会相信，但晋武帝的怀疑并没有因此而解除。而凑巧的是，石苞的儿子石乔担任尚书郎，晋武帝要召见他，可他过了一天的时间也没有去报到，这就更加引起了晋武帝的怀疑，于是，晋武帝就想要秘密地派兵去讨伐石苞。

晋武帝发布文告说："石苞不能正确估计敌人的实力，修筑工事，封锁水路，劳累和干扰了老百姓，应该免他的职务。"接着就派遣太尉司马望带领大军前往征讨，又调了一支人马从下邳赶到寿春，形成对石苞的讨伐之势。

王琛的诬告，晋武帝的怀疑，对石苞来说，他一点也不知道，到了晋武帝派兵来讨伐他时，他还感到莫名其妙。但他想："自己对朝廷和国家一向忠心耿耿，坦荡无私，怎么会出现这种事情呢？这里面一定有严重的误会。一个正直无私的人，做事情应该光明磊落，无所畏惧。"于是，他采纳了部下孙铄的意见，放下身上的武器，步行出城，来到都亭住下来，等候处理。

晋武帝知道石苞的行动以后，顿时惊醒过来，他想：讨伐石苞到底有什么真凭实据呢？如果石苞真要反叛朝廷，他修筑好了守城工事，怎么不做任何反抗就亲自出城接受处罚呢？再说，如果他真的勾结了敌人，怎么没有敌人前来帮助他呢？想到这些，晋武帝的怀疑一下子就打消了。后来，石苞回到朝廷，还受到晋武帝的优待。

中国台湾的济慈法师说，对人要诚，不怕受流言欺诈；你被人欺诈了，你反而显得更明亮，就像宝石一样，只有被打磨后才闪亮。

心诚坦荡是一个人应有的美德，诚实待人，正直处世，可以使人心胸开阔，正义凛然，少费了许多心机，可以用更多的时间和精力去干一些正当的有意义的事，有利于树立自己的信誉，有利于自己的发展。这可能也是君子与小人的最大区别，正如所谓的"君子坦荡荡，小人长戚戚"。虚伪奸诈的小人，常常用尽心机，劳神费力地去算计别人，到头来总是会暴露无遗，信誉全失，为法理所不容，遭世人之唾弃。古人云：诚实待物，物必应以诚。同样，赤诚待人也必然会赢得他人的真诚相待，以致志同道合，肝胆相照，引为至交，可以有许多知心的朋友，多数人愿意与其交往。

但是，在现实生活中，一个心诚坦荡的人获得发展的机会有时可能不如弄虚作假、投机钻营的人来得快。但那些利欲熏心的人不会明白，在他们得到金钱、地位和满足的同时，已经丢掉了自己做人的品格，因此显得猥琐而渺小；而心诚坦荡的人获得的成功才是一种真正的成功，即使是小的成就也总是显得那么坦荡而自然。韩非子说过，巧诈不如拙诚，小信诚则大信立。一个人只有做到了心诚坦荡，才是一个顶天立地的人，才是一个大写的人、一个问心无愧的人。

诚实的力量是一种敞开的力量，它能以心诚坦荡之怀，使欺诈流言不攻自破，并使误会销迹于无形。

第2章

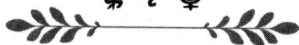

抱诚守真：最珍贵的诚实

实事求是的处世智慧

春秋时期，晋国有一位史官，叫董狐。因世袭太史之职，亦称史狐。

当时，晋国晋灵公在位，是有名的昏君。他在位时，不但搜刮民财，乱收赋税，还时常站在城楼上，用弹弓射街上来往的行人取乐。有一次，厨师为他炖熊掌没炖烂，他竟然一怒之下把厨师给杀了。

晋国的一位大臣赵盾，看到晋灵公这样残忍昏庸，眼看着晋国就要毁在他的手里，就劝说他。晋灵公不但不听，反而在心里算计着一定要杀掉赵盾，除掉这个让他不高兴的人。

一天，晋灵公请赵盾喝酒。吃饭的时候，早已埋伏好的十几个士兵突然冲上来把赵盾包围起来，要杀了他。幸亏赵盾武艺高强，又得到一个他曾经周济过的人的帮助，才逃了出来。

后来，赵盾的一个族弟找了个机会把晋灵公杀了，为赵盾报了仇。并且立了新的国君，重新把在外避难的赵盾接回来，官复原职。

那时候，君主再昏庸也是不能杀的，臣下杀君主是不忠不义的表现。无论如何谁也不想承担杀君的罪名，于是赵盾就想看一看，史官是如何记录这件事的。

一天下午，赵盾来到当时负责编写晋国国史的太史官董狐那里。他看完记录那段历史的竹简后，很生气地对董狐说："晋灵公死的时候我不在朝中，怎么能说是我杀的呢？你这样乱写，诬蔑朝廷命官，是要杀头的！"

董狐不慌不忙地说："您是正卿，逃亡却不出国境，回朝之后又不讨伐国家的乱臣。说您不是这件事的主谋，谁会相信呢？"

赵盾一听，觉得也是这么回事，但他还是说："还是修改一下吧，改了对大家都有好处。"

董狐严肃地说："作为一个史官，最重要的就是诚实，黑就是黑，白就是白，来不得半点虚假，否则就是对后代人的欺骗。我的职责就是记录真实的历史，让我为了个人私利改写史书，是无论如何也做不到的。丢掉脑袋对于我而言是件小事，丢掉了作为一个史官应有的节操可是大事了。"

赵盾听了董狐的一番话，被他这种诚实的品德打动了，没再说什么就走了，并且以后也不曾为难董狐。

这就是历史上有名的"董狐直笔"典故的由来。后来，孔子评论道："董狐，古之良史也，书法不隐。"应受到称赞；赵盾也是"古之良大夫也，为法受恶"，实属冤枉。从此，后人便把"董狐直笔"作为史家秉公直书的典范加以颂扬。

史官董狐冒着杀头的危险，客观地实事求是地记录历史发生的本来面目，在当时是难能可贵的。但他完成了自己作为一个史官应有的责任和对历史负责的使命，也展现了他诚信做事的良好品质。如真的被赵盾杀害，我想他也无怨无悔了。

董狐的这种精神已为后世正直史官坚持不懈地继承下来，成为我国史德传统中最为高尚的道德情操。唐朝的吴兢同董狐一样，也是一位诚实正直的史官。

武则天晚年有两个宠臣，一个叫张昌宗，一个叫张易之。二张恃宠骄横，宰相魏元忠很气愤，就对武则天说他们是小人，不该把他们留在身边。

二张知道了这件事，担心武则天死后，魏元忠要处置他们，因而对魏元忠怀恨在心，便诬陷魏元忠有不忠于武则天的谋议。武则天遂下令逮捕了魏元忠。

为了置魏元忠于死地，张昌宗暗地里诱逼凤阁舍人张说，让他出面作证，就说自己亲耳听到过魏元忠的言论，事成之后，定有厚报。张说当时就答应了。

一天，武则天传召张说。在他进宫之前，同为凤阁舍人的宋景说："名义至重，鬼神难欺，可万万不能伙同小人陷害君子呀！"张说听从了宋景的话。

在武则天问及此事时，张说如实禀告，说自己没有听到魏元忠说过不忠于武则天的话，是张昌宗逼迫他诬陷魏大人。结果，魏元忠得以免死，张说被流放岭南。

文馆学士吴统在撰写《则天实录》时，清清楚楚、明明白白地写上了这一段历史事实。

武则天死后，张说又回到朝中。从唐睿宗景云二年（公元 711 年）起，张说一直担任宰相等要职，并兼修国史。他看到这段记载后，觉得尽管符合事实，但有损自己的形象，所以就动了改史的念头。

张说明知道这是吴兢写的，却故意说："刘五（即史学家刘知几）太不相容了！"

吴兢站起来说："这本是我写的，这段史文的草稿都在，您怎么能错怪死去的人呢？"他说这话时，与他在一起工作的史官们都惊得变了脸色。

后来张说又请求吴兢改动几个字。吴兢就是不答应，他说："假如顺从您的请求，那么这部书就不能算作正直的，怎么能够让后世相信呢？"

吴统与晋国的史官董狐一样，认为史官的职责就是记录真实的历史，绝不能为了个人私利改写史书，否则就丢掉了作为一个史官应有的节操。他们的这一传统美德为后代进步史学家弘扬发展，编著出许多堪称信史的著作，是我国史书中的精华。他们实事求是的处世作风也是值得我们学习和借鉴的。

汉代史学家班固的《汉书·河间献王传》说，河间献王刘德"修学好古，实事求是"。从本义上讲，"实"就是充盈、稳固，脚踏实地，实事求是，如实在、实际、实话、实干等，与"虚""空"相对。有真，才有善与美；实在，才有诚信与秩序。真与实，自古就是中华民族伦理道德基本规范的重要内容。所谓"不受虚言，不听浮木，不采华名，不兴伪事"，就是千百年来对人们做人、做事的基本要求。

人与人相处需要互相信任

人活在世上，需要互相信任，互相帮助，犹如需要空气和水一样。互信互助不但使我们进步，而且是让人心理安定的力量。没有互信，我们一定会走入困境。孔子说：人与人之间如果失去互信，就好像车子失去驱动力一样，根本发动不起来，又如何谈得上奔驰呢？

就个人而言，互信就像食物一样重要。如果我们不信任别人，便会失去诚恳的态度。如果我们长期戴着假面具，就要迷失自己，那会多么难受呀！要想受人爱戴，就得先信任人。另一方面，如果和互相信任的人在一起，我们便放心了。心理学家弗洛姆曾说："有了信心才有爱。"很明显，夫妻之爱建立在互信上，亲子之爱建立在互信上，朋友之谊当然也建立在互信上。

人与人相处，全靠信任。老师要是能使堕落的学生相信他对他们只怀好意，那么他的教育就差不多成功了。精神病学专家要耗费大部分时间劝精神错乱的病人相信他们，才能动手治疗。人与人必须怀着好感，互相信任，个人的日子才不至于过得一塌糊涂。

为什么有些人不能对别人产生信任呢？是他太好猜疑。人家本来对他怀有好感，或者曾经是好友，他却以人家某句不经意的话，某一个无意识的动作或眼神，便怀疑别人脚下使绊，在暗中捣鬼，在议论自己，在中伤自己，说自己坏话，从而生出偏见，中断交情，毁了事业。

美国华尔街上历史悠久、资金雄厚的最大投资银行之一的莱曼兄弟公司曾经连续5年获得创纪录盈利，达到鼎盛。在莱曼，彼得与克莱斯曼彼此配合默契，共同领导着莱曼公司，使公司业务蒸蒸日上。克莱斯曼是由彼得提拔上来的，彼得看重的就是克莱斯曼大胆果敢的行动魄力，克莱斯曼也投之以桃，报之以李。两个人就像亲兄弟一样亲密无间。但是后来，由于克莱斯曼不信任别人而毁掉了这个庞大的公司。

这件事的起因源于一次午餐。一位朋友邀请彼得共进午餐，彼得建议把刚在八星期前被提拔为总经理的克莱斯曼也请来。在午餐会中，彼得与对方谈笑风生，而克莱斯曼却备受冷落。这让克莱斯曼受到极大的刺激，他认为这是彼得故意这么做的。他心里想：我要把他赶走！

从此后，克莱斯曼每天板着脸，旁敲侧击地攻击彼得。彼得退休后，克莱斯曼掌握了公司大权。但他的猜疑之心随即转移到了其他几位股东的身上。几个月后，公司已有几名合伙人离去，公司内部人心涣散。

1983年秋，厄运终于降临，莱曼兄弟公司的利润大幅度下降，公司面临困境。美国金融界巨头捷运公司提出愿购买莱曼。克莱斯曼虽并不愿意出售公司，但已经无力回天。莱曼公司终于毁在了猜疑心之上。

莱曼公司之所以被捷运公司收购，就是其领导人彼此之间不信任，有猜疑心。猜疑是与人相处时的致命弱点，它不只毁人，而且害己。

要增进彼此间的信任，我们首先必须自信。自觉不如人和能力不够的人，是不能信任别人的。不过，自信并不就是以为自己毫无缺点，我们必须相信自己的地方也就是必须相信别人的地方。

那就是：相信自己切实地在尽自己的能力和本分做事，不管有没有成功，有没有成就。

其次，信任必须脚踏实地。有位因信任别人而被人欺骗的男士说："信任别人有时很危险，你可能受人愚弄。"但真正的信任，不是天真的轻信。信任不是建立在虚幻之上，而是要用心去发掘别人的长处，相信他，不迟疑地信任他。

怎样让别人信任你呢？勇敢地找你不信任的人交谈，坦诚而友好地与他交流自己的看法，获得真实的认识，消除心中的误解，达到真正的理解。世界上没有一个人是不能理解的，没有一件事是不能理解的。

一旦理解了，你就不会再有猜疑，不会再有忌恨。面对面的交流，远比任何旁敲侧击、迂回了解、道听途说都省事而有效。

作家怀特曼说："不信任人，就不能成就事业；不信任人，也不能成为好人。"诗人爱默生说："你信任人，人家才对你忠实。以伟人的风度待人，人才表现出伟人的风度。"既能坚信自己，又能信任别人，说出的事一定做得到，那你将是一个受欢迎的人，并能在社交和事业上立于不败之地。

做一个善于取信于人的人

头脑简单的人是用耳朵听人说话的，而头脑聪慧的人都是用理智听别人说话的。所以每个人都要有自己的判断力，学会理智地对待他人，公正地处理问题。

有人问淘金工，怎样才能获得金子？淘金工说："金子就在那儿，你把沙子去掉后，剩下的自然就是金子。"这个回答颇有"禅"的意味，它指明了我们在生活中求真求善的最佳方式与途径。

我们都知道，我们来到这个世界，并不是为了虚妄地度过一生，我们需要切切实实地为世界留下些什么，或者是思想，或者是感情；付出的同时，我们也渴望获得和拥有一份真诚。

我们敏感的心灵不会为虚假的感情所感动，我们的眼、耳、鼻、舌、身都不是为那些虚假的东西而存在的。无法想象我们有一天听到与看到的全是假东西，那将是多么令人沮丧的情境！

有一句西方谚语说："当真理还在穿鞋的时候，谎言已跑出老远了。"

不管你愿不愿意面对，事实上，我们的现实生活中早已充斥着大量的谎言，我们无法回避它们，必须每天去面对、去听、去看、去感觉，甚至是不得不耐着性子去听和看。我们在生活中听到的谎言甚至比真理还多，怎么办呢？

一个成熟而富有理性的人、一个通晓世故的人会以一种平常的心态来看待这些谎言，不管它是为了何种目的而说。

他知道，任何谎言都不会是无缘无故的，面对一些特殊的情境撒谎，也可以说是人之常情。因此，他会坦然地面对一切，而且随时保持清醒的头脑，不为谎言所迷惑。

有一位李先生，职业是推销员，为人正直、勤奋。李先生的职业生涯也有二十多个年头了，他在产品推销中从不说蒙骗之话，深得用户信赖，因此，李先生的业绩不错，但李先生与人谈及现在社会上有些生意人不讲诚信甚至朋友欺瞒朋友的现象时，感慨万分。

李先生家新买了一套房子，在选择整体厨具时，他听说自己的一位初中同学专销厨具，于是考虑去同学那里买。这样，一不至于受骗，二不至于被宰，三可以让同学赚钱。他见到同学后，同学真的很热情，并介绍他的厨具如何时尚、质好、价廉。

然而事实却让李先生很寒心：他被同学狠狠地宰了一刀。李先生与妻子一同逛街，无意中看到另一家经销的整体厨具与自己在同学那里买的一模一样，却便宜 500 多块钱，也就是说，他被同学宰了 500 多块钱。

碍于情面，李先生并没有找同学去理论，他只是逢人便说："看来，现在谁说的话也不可轻信啊！"

在现实生活中，把谎言作为人类生活的一个重要组成部分来正视它，的确有益于我们保护自我。俗话说："害人之心不可有，防人之心不可无。""人无打虎心，虎有伤人意。"如果我们在与人相处时，心中先存几分戒心，那么世界上绝大多数的骗局都将被识破。

但可惜的是，我们很多人自幼受的教育并不是要我们存有防人之心，而是被灌输了许多不恰当观念，如"人与人之间应互相信任"，"人性是善良美好的"，很多人就此轻易地上当受骗。

自己的诺言永远要记住

一个成功的人，绝对不会是出尔反尔，说话不算数的人。你自己说过的话，你就应该实现它，不管代价是什么。你有能力说出那样的话，你就要有能力去实现它。如果实现不了，当初就不要答应，言而无信的小人是大家最深恶痛绝的。你要记住，信口开河的人经常会忘记自己的许诺。

记住自己的承诺能使你受人尊敬，也能给你带来很多成功的机会。也许为了这个承诺付出了很多，但是你会在以后收到十倍的回报。

记住自己的承诺会给你带来尊严，有尊严，别人才会尊敬你，这是每个人成功的前提！

陶侃，东晋人。有一次，陶侃在武昌宴请殷浩、庾翼等几个名士。席间，众人吟诗作赋，讲谈学问，好不高兴。

大家喝过两杯酒之后，殷浩举杯说道："将军，您最近平定了郭默的叛乱，立下了大功，请让我敬您一杯！"

陶侃想了一想，痛快地说："谢谢，喝！"说着，他便端起酒杯，将杯中之酒一饮而尽。

接着，庾翼也举起杯来，说道："将军，若论战功，您上次平定苏峻的叛乱，功劳更大，请让我也敬您一杯！"

不料，陶侃却抱拳作揖，诚恳地说："先生，对不起，我今天饮酒已经足量了，不能再饮了！"

见此情景，庾翼很不高兴，殷浩便附和着说："将军，今天大家高兴，您应该开怀畅饮！我看得出您有海量！"

令人想不到的是，陶侃却泪流满面，哽咽着说："实在对不起！不瞒二位先生，家母生前曾给我规定：每次饮酒，三杯为限。今天杯数已足，我不能违背先母的禁约！"接着，他回忆了青年时代的一段往事。

陶侃的父亲陶丹本是三国时孙吴的名将，但很早就去世了。陶侃全靠母亲纺纱织布抚养长大，后来当上了浔阳县城一名小小的"鱼梁吏"。

陶侃的母亲对陶侃的要求非常严。有一次，陶侃托人捎几条咸鱼回家，想让老人家高兴高兴。不料陶母将鱼原封不动地退了回来，还附了一封口气严厉的信，说："你现在才当上了个小官，就拿公家的东西回家，那以后当了大官，岂不连皇帝的东西也敢拿了？"

还有一次，浔阳县衙举行宴会，陶侃喝得酩酊大醉。酒醒后，母亲一边垂泪，一边责备他说："饮酒无度，怎能指望你刻苦自励，为国家建功立业呢？"陶侃羞愧难当。母亲要求他保证：从此严于律己，饮酒不过三杯。

陶侃讲完往事，又接着说道："苏峻、郭默之乱虽然已经平定，但是国家尚未统一，男儿报效国家的路还很长，我怎能违背先母的遗训呢？"

殷浩、庾翼听完，肃然起敬地说："将军，虽然老夫人仙逝多年了，而您信守遗训，不减当初，这种美德一定会同功业一起，永留青史！"

诚信是一个人立足社会、成就事业的根本；诚信的最高境界是克己慎独。

陶侃的母亲生前曾给陶侃规定：每次饮酒，三杯为限；陶侃也向母亲保证：饮酒不过三杯。若干年后，陶母虽然不在了，但陶侃仍自觉遵守先母的遗训——饮酒限三杯，表明陶侃之诚信达到了至高境界。

他出生在中国香港的一个贫困家庭，很小就被家人送到戏班。经人介绍，他进了香港邵氏片场，专门跑龙套。在那样的环境里，他没有怨天尤人，依然刻苦勤奋。由于学了一身好功夫，加上为人厚道，几年以后，他开始担当主角，小有名气，每月能拿到 3000 元薪水。

有一天，行业内的何先生约他出去，请他出演一个新剧本的男主角："除了应得的报酬，由此产生的 10 万元违约金，我们也替你支付。"何先生说完强行塞给他一张支票，便匆匆离去。

他仔细一看，支票上居然写着 100 万元，好大的一笔款子！他从小受尽苦难，尝遍艰辛，不就是盼望能有今天吗？可转念一想，如果自己毁约，手头正拍到一半的电影就要流产，公司必将遭受重大损失。于情于理，他都不忍弃之而去。

一宿难眠。次日清晨，他找到何先生，送还了支票。他说："我也非常爱钱，但是不能因为 100 万元就失信于人，大丈夫当一诺千金。"

何先生非常欣赏这位年轻人，他的事情也很快传开了。公司得知后非常感动，主动买下了何先生的新剧本，交给他自导自演。就这样，他凭借电影《笑拳怪招》创造了当年的票房纪录，大获成功。那年他才 25 岁，全香港都认识了他——成龙。

在一次电视访谈中，成龙回忆起这些往事，感慨万千，深情地说："坦率地讲，我现在得到了很多东西。但是，如果当初我背信弃义，从戏班逃走，没有这身过硬的武功，或者为了得到那 100 万元一走了之，我的人生肯定要改写。我只想以亲身经历告诉现在的年轻人，金钱能买到的东西总有不值钱的时候，做人就应当诚实守信，一诺千金。"

对他人承诺了什么，一定要做到，这可是做人的根本，言而无信的人是危险的。面对空洞的承诺，人们除了鄙视之外，更多的还是失望和伤悲。一个人一旦对他人而言失去信用，或许暂时能够得到什么好处，但是其损失的不仅仅是物质上的利益，而更多的是人格，确实是很悲哀的。

不要轻易地对他人承诺什么，也不要轻易地对自己许下什么太多的承诺。好好地估计自己，无论承诺的对象是谁，既然承诺了就要付出行动来兑现，这样的人生方显魅力。

以诚待人一定会赢得信任

诚者，天之道也；思诚者，人之道也。诚信，此乃天道人论，自古亦然，非独今世之特有耳。

《说文解字》曰：诚，信也，从言成声；信，诚也，从人言。然诚者，乃品格信念之所至，所谓内诚于心者也，亦即真诚、诚实、诚恳云云；信者，乃言行之所指，所谓外信于人者也，亦即讲信义、重言诺云云。诚信合二为一，此乃立诚为本，言行一致也。

明山宾（443—527），南朝梁时会稽（今浙江绍兴）人，曾任中书侍郎、北兖州刺史等职。

有一年，在明山宾担任某州从事史（事务官）时，正好赶上严重的旱灾，庄稼颗粒无收，百姓无粮可食，饥饿难耐，性命难保。

这时，为民担忧的明山宾决定打开粮仓，放粮给老百姓，以解救老百姓的性命。

可是，掾史（州郡县佐吏）周显良却认为此事非同小可，必须事先报告朝廷。

但灾情太重，刻不容缓。于是，明山宾在犹豫了一下之后，毅然决定开仓放粮，并说："朝廷怪罪下来，我一人承担！"

为了维护放粮时的秩序，明山宾下令约法三章：不排队的关押十天；冒充贫苦人来领粮的关押十五天；多次来领粮的关押十五天。凡因此被关押之人，在其被关押期间，其家属也不能来领粮。

告示张贴之后，百姓们大都能严格遵守，放粮秩序井然。

一天，一个名叫李虎的中年男子急匆匆地跑到放粮处，没有排队便去领粮。他也是情急无奈——三岁的儿子已经饿得快不行了。

由于李虎的行为违反了州里的规定，负责维持放粮秩序的衙役们便不问缘由，将李虎关押了起来。

十天后，李虎回到家时，看到儿子已经生命垂危、奄奄一息了。见此情景，李虎大骂妻子为什么不去领粮。

李虎的妻子泪流满面地说："你还不知道呀，章法规定，一人被抓，家属也不可以领粮！"

李虎一听，燃起一腔怒火，并将满腔愤恨记在了明山宾的头上，发誓要让明山宾家破人亡。

就在这时，明山宾开仓放粮的事被朝廷知道了。朝廷震怒，并派朝廷命官前来追查。

对此，周显良很是担忧，但明山宾却心静如水，他说："这件事情你放心，我早就说过了，出了事情我承担！"他吩咐周显良继续放粮，自己则等待朝廷的发落。

令明山宾万万没有想到的是，跟随他多年的周显良为了取而代之，竟然在背地里耍阴谋。

朝廷命官让周显良找几个老百姓了解情况，他招来的都是在放粮时有所不满的人，其中也包括李虎。

李虎就当着朝廷命官和周显良的面，大骂明山宾，并说出了自己惨痛的经历。

朝廷命官得知此事后，大发雷霆，认为明山宾私自开仓并非救民心切，而是别有用心，并当即决定将明山宾革职，且终身不再录用。

明山宾被革职后，带着夫人默默地回会稽老家去了。

但是，李虎并没有就此善罢甘休。他竟背井离乡，千里迢迢去追寻明山宾报仇。到了会稽，他找遍了所有的豪宅大院，却没有找到明山宾的家。

其实，由于明山宾为政清廉，家里根本就没有什么财产。回到会稽后，当然也不会有什么豪宅大院，而是住在一间茅草屋里，度日艰难，眼下正为吃的问题发愁呢。无奈之下，他决定将家中唯一值钱的东西——一头黄牛牵到集市上去卖。

明山宾来到集市上，往牛脖子上挂了一块价牌，上写着："此牛出卖，纹银三两"。

过往的人看了都很惊讶，"这么壮实的一头大黄牛，怎么只要三两银子？"

明山宾一经提醒，便想更改价牌，提高卖价。但一个年轻人眼疾手快，抢在明山宾换牌之前，提出要买下这头牛。

明山宾说一不二，就以三两银子的价钱将这头牛卖给了那个年轻人。在场的人见了都说明山宾傻。

明山宾回到家，把卖牛的经过告诉了妻子。妻子哈哈大笑说："这头牛能卖三两银子就不错了。"原来，这头牛几年前曾得过漏蹄病。

明山宾一听，说："那买牛的人不是吃亏了吗？"

于是，明山宾又匆匆忙忙赶到集市上，可是已经不见了那买牛的年轻人的踪影。没有办法，明山宾便四处打听，费尽九牛二虎之力，终于找到了那个买牛人，并反复向他说明了情况。

可是，那个买牛的年轻人却以为明山宾是嫌牛卖得太便宜了，想反悔，所以执意不肯退还，两人就在路边拉拉扯扯……说来也巧，这事正好让到处寻找明山宾的李虎看到了。李虎一见明山宾，分外眼红，拿出匕首，想趁机行刺。

但是，当李虎看见明山宾穿的是粗布衣服，又得知他生活拮据，竟然到了卖牛求生的地步，不由得迟疑了。

而明山宾并不知李虎与自己有仇，还误认为他是那买牛的年轻人的亲戚，便将卖牛的事一五一十地告诉了李虎，还说："买卖总要诚实，如果得过病的牛被当作好牛卖掉，我心里会不安的。"

李虎一听，不由得从心里赞叹明山宾是个真君子，于是放弃了行刺的念头。

诚信是一切道德的基础和根本，是人之为人最重要的品德。诚信是发自内心的、自愿的，是人的一种操守，是道德人格不可或缺的因素。一个品德高尚的人，不论在何时，不论在何地，也不论身处何境，都不会失去诚信的美德，明山宾就是一个这样的人。

诚实是信用的基础，信用出于诚，不诚则无信，这就是诚信。诚信不仅是社会中每个人所应遵从的最基本的道德规范，而且也是处理好人与人之间关系的准则。诚信待人才能感动他人，而说话不算数，处处欺骗别人，就算是在家门口也寸步难行。

日本著名的企业家吉田忠雄在回顾自己的创业成功经验时说过，为人处世首先要讲求诚实，以诚待人才会赢得别人的信任，离开这一点，一切都成了无根之花，无本之木。

朋友相交，贵在真心

　　朋友之间必须诚实忠信。《论语·学而》曰："与朋友交，言而有信。"一旦欺骗朋友，朋友也不会再信任自己，便会破坏了大家的友谊。而真的朋友，能做到如《礼记·儒行》所言："久不相见，闻流言不信。"就算大家很久没见，当听到有关朋友的谣言，彼此仍能互相信任。

　　范式，东汉山阳郡金乡（今属山东）人，曾任荆州刺史、泸江太守等职。

　　范式小时候，家里比较贫穷。一次，范式穿着一身破旧的衣服，背着一个旧布包，到一所学堂去上学。老师把他介绍给全班同学，几个富家子弟见范式穿着破旧，"嘿嘿"地窃笑，并故意刁难他，一个同学还脚下使绊，将他绊倒在地上。这时，一个叫张劭的同学忙上前去，扶起了范式。

　　放学后，范式感到很孤独，一个人跑到附近的树林里，衔着一片树叶，吹出悠扬而悲伤的曲子。这时，张劭又来到了他的身边，给他带来了快乐。张劭想学吹树叶，范式就不厌其烦地教他，两人玩得很开心。但过了一会儿，那几个富家子弟也来了，他们再次嘲笑范式的破旧衣着。张劭火冒三丈，把他们痛打一顿。

那几个富家子弟挨了打，心里自然有气，于是就到老师那里告了状。老师知道后，罚张劭跪两炷香的时间。范式觉得张劭是为了他才被罚的，不忍心看着张劭一个人跪在那里，就陪着张劭一起受罚。从此，两个人成了情同手足的好朋友。

一天，范式把张劭叫到小树林，郑重地向他告别。范式家生活拮据，已经无法支付他的学费了。张劭想出各种办法想帮助范式，但范式都一一谢绝了。范式没有什么贵重的礼物送给张劭，就把自己一直吹用的那片树叶送给了他。张劭则把自己的玉佩送给了范式。两个人约定：十年后的今天再在这个小树林里相见。

十年一晃就过去了。范式已经当上了刺史。新官上任伊始，范式就遇到了当年欺负自己的富家子弟李廷——他本来是想巴结新任官员的，没有想到竟然是故人。李廷有点尴尬，但很快就恢复了常态，与范式称兄道弟，并送上了厚礼。范式断然拒收，李廷只好灰溜溜地带着礼品回去了。他愤愤地说："不就是一个小小的刺史吗，有什么了不起的？京城再大的官我都见过！咱骑驴看唱本——走着瞧！"

夜晚，范式坐在桌边，抚摸着玉佩，喃喃自语："我和张兄相约之日快到了，不知他这十年生活如何啊！"正想着，忽听大门外有人击鼓鸣冤。原来是一个老妇人的女儿在客栈被人杀了，"凶手"被人当场抓获。范式命人把"凶手"带进官府，他万万没有想到这"凶手"不是别人，正是自己惦记了十年的好友张劭。

其实，那位老妇人的女儿并不是张劭害的，而是李廷害的。出事后，张劭正好路过，于是便成了替罪羊。范式虽然觉察有些蹊跷，但一时无法断案，只好将张劭押入大牢，改日再审。

真凶李廷担心夜长梦多，真相败露，于是想出毒计，要让张劭把黑锅背到底。他买通了牢房的看守，让他们故意以范式之名，对张劭实施酷刑，把他折磨得死去活来。张劭信以为真，当下肝胆俱裂，心灰意冷。但此时范式却蒙在鼓里。

一天夜里，范式换上便服探监。张劭一见范式，怒发冲冠，大骂他假仁假义，并发誓与他恩断义绝。范式一头雾水，隐约感到事情有些不对劲儿，却又摸不着头脑。

范式决心要将此案查个水落石出。李廷得知后，立即找来替身自首，并买通京城的大官，诬陷范式办案不力，渎职失职，将他革职为民。直到一年之后，新任刺史重审此案，才将李廷缉拿归案。

被革职的范式一身布衣，带着行李返乡。途中，他突然想起了十年之约，于是便转身往回走。这时，老管家拉住了他说："你为张劭丢了官，他又对你满腔愤恨，还去干什么呢？再说，张劭早就回自己家乡去了，你又去会谁呢？"但范式还是执意要去。

傍晚时分，范式来到了那片树林。当年的小树已经长大了，树枝高耸入云，树干粗得一个人抱不过来。他捡起一片树叶，放在嘴里吹了起来，悠扬而伤感的乐声又回荡在树林里。

天色渐渐地暗下来了，范式见没有等到张劭，心里很是难过。就在他放下树叶准备离开树林的那一刻，身后忽然传来悠扬的乐声——张劭正坐在一棵大树下，嘴里也衔着一片枯黄的树叶在吹着……朋友相交，重在义气，贵在诚信，范式与张劭之交，就是这样的君子之交。他们交以义气，所以张劭能在范式受困之时出手相助；范式能为朋友的清白不顾自己的前程。他们交以诚信，所以都能不忘十年之约。

孔子说过："益者三友，损者三友。"有益的朋友有三种，有害的朋友也有三种。他主张交益友，去损友。"友直，友谅，友多闻，益矣。"与正直的人交朋友，与诚信的人交朋友，与见闻学识广博的人交朋友，是有益的。"友便辟，友善柔，友偏佞，损矣。"与习于歪门邪道的人交朋友，与善于阿谀奉承的人交朋友，与惯于花言巧语的人交朋友，是有害的。

我们要与那些正直的人、诚信的人、见闻学识广博的人交朋友，远离那些习于歪门邪道、善于阿谀奉承、惯于花言巧语的人。

孔子说："朋友交而无信乎？"诚然，朋友相交最重以心换心，诚以待人，人才更实在。一个赢得人们满意的商店，出售的不是最昂贵物品，而是最让人放心的信誉；一个值得信任的人，不是为别人做尽任何事，而是尽力做好答应别人的事。

诚实守信，必成大器

古今中外的许多名人，伟人，他们之所以受到人们的尊重，在事业上有所发展，获得成功，探其原因，他们都具有守信这一品德。可以说，守信是成功的必备条件。

宋濂（1310—1381），字景濂，号潜溪，浦江（今属浙江）人。明代文学家。在明朝开国文臣中，宋濂是知识最渊博的一个，深得太祖宠信。

宋濂是明代的名臣，他的学习经历可以给我们很多教益。他不但谦虚好学，而且有着诚实守信的品质，正因为如此他才能在清苦的环境下博览群书，求师问道，才能学有所成，成为一个有用的人才。

宋濂小的时候家里很穷，没有钱读书，酷爱读书的他只能向有藏书的人家借书来看。每次借阅，他总能按期归还，很守信用，人们都乐意将书借给他看。

有一次，宋濂借了一本好书，越读越喜欢，于是他就决定把它抄下来。可是，还书的期限马上就要到了，于是他决定夜以继日地抄书，只有这样才能够按时归还。当时正是深冬，家里清贫，没有余钱买很多的柴，人住在屋子里都经常打冷战。天寒地冻，寒气袭人，家里又没有其他取暖之物，在抄书的时候他的手冻得冰冷僵直，握不住笔，他不得不放下笔，两手相搓一阵，再把双手放在嘴里哈气，如此反复几次，觉得手稍稍暖和一点，便再接着抄。

在还书的前一天晚上，宋濂的母亲一觉醒来，发现儿子屋里的灯光还亮着，就掀开门帘进来说："孩子，你怎么还不睡觉啊？都后半夜了，天这么冷，小心冻坏了身体。"宋濂答道："娘，我抄书呢！"娘说："今天太晚了，赶快睡觉吧，明天再抄。白天天气暖和些，屋里也亮堂。"宋濂说："明天来不及了，今天晚上必须抄完才行，我答应明天还书的。"娘又说："他们家里那么多书，不会急着要你这本书看吧？""那倒是！"宋濂一边抄书一边回答："不过，不管人家是不是等着看这本书，到期了就要归还人家，一天也不能耽误。"

宋濂的母亲见他坚持继续抄，也就没再说什么，心里觉得有这样一个好学的儿子很欣慰。就这样，宋濂一直抄到天亮，总算把那本书抄完了。第二天，他把书还给了主人家。那人接过书一看，干干净净，不卷不折，还是那么平整，非常高兴，就对宋濂说："快过来看看，这一排都是好书，你想借哪一本就随便挑吧。"就这样，经过长年积累，宋濂读了许多书，大大增长了学识。

宋濂渐渐长大，意识到只靠自己埋头苦读固然是个好习惯，但书中许多重要之处不能融会贯通，不能化为自己的知识。他认为有人给他指点很重要，于是决定去寻访名师。不久宋濂打听到一位学识渊博的学者，他给学者写信要求拜师。当学者收到他的信之后，知道了他的情况，觉得宋濂是可造之才，便和宋濂约定了拜望时间。

就在出发前几天，接连下了几场鹅毛大雪，最后好不容易等到天晴了，却又刮起了强劲的西北风。冰天雪地中，天地一片白茫茫，人们都躲在家里，路上几乎看不到行人。宋濂的母亲看着天，心里犯愁："那位学者的家离自己家很远，宋濂怎么去呢？"

出发这天的早上，宋濂装好书籍捆好行李，准备出发。母亲心中有些可怜宋濂，想让他晚几天再去拜师，便说："儿子，这么大的风雪，怎么能出远门呢？"宋濂说："娘，今天不出发，就会耽误了拜师的日子。"母亲劝他说："儿子，你想想，去老师那里得经过深山大谷，山里的雪恐怕更深了，哪能迈得动步啊！再说，你就穿这么一件旧棉袄，难以抵御寒气呀！"宋濂说："娘，约定好了拜师的日子，我做学生的怎么能失信呢？再大的风雪我也得去！"母亲虽然觉得儿子的话有道理，但还是忍不住劝他说："儿子，碰上这样的天气，就是迟到了，老师也不会责怪你的。""老师可能不会责怪我，这个我也明白。可是我必须守信用，不能因为老师不会责怪我就失信啊。"说完，宋濂告别了母亲，冒着刺骨的寒风上路了。母亲站在门外，目送着儿子消失在雪地里。

冒着狂风，顶着飘雪，经过几天的跋涉，宋濂准时到了老师家里。当他见到老师时，老师非常吃惊，这么远的路，这么冷的天，大雪封山，连猎人都很少进山来，他一个文弱书生竟穿着单薄的棉衣进山拜师。老师见了这种情景，心里很受震动，同时还有一点窃喜，认为收到这样一个好学且守诚信的学生是做老师的最大收获。此后这位学者对宋濂知无不教，教无不细，宋濂也不负老师的厚望，最后终于学有所成，成为一代名臣。

有人说过："拥有诚信，也就掌握了成功的方法。"宋濂守信好学的故事告诉我们：宋濂之所以能成为知识渊博的一代名臣，从根本上说，就是因为他具有诚实守信和坚忍不拔的品格。我们一定要记住：

诚实守信，是人与人之间交往时应该遵守的一项十分重要的准则，更是获得成功的重要方法。

守信是成功的条件，无论是个人的人生发展还是社会的普遍进步，无论是推销企业产品还是维护企业形象，有了守信就可能成功，没有守信，则无成功可言。愿朋友们都做守信之人。

务真求实，才能做到问心无愧

诚信就是求"真"，就是追求务真求实。古人说："真者，精诚之至也。不精不诚，不能动人。"

唐太宗，中国历史上有名的君主，在他当朝期间，广开言路，善于纳谏，社会政治清明。同时唐太宗从不隐瞒历史真相，事事务真求实，表现了他作为一代君主的诚实和开明。

有一天，唐太宗李世民和宰相房玄龄在闲谈。他们正说着别的什么事时，唐太宗忽然问道："自古以来，国史为什么都不让本朝的君主看呢？"

房玄龄回答说："因为一个正直尽责的史官总是如实地记下君主的功过得失。本朝的君主如果看到国史中记着自己的过失，很容易恼羞成怒，惩办史官，国史就很难撰写了。"

唐太宗不以为然地说："有什么写什么，这又没有做错，怎么会得罪君主呢？你去把国史拿来给我看看，朕正想知道自己以前都有哪些错误，好拿来作为鉴戒呢。"

房玄龄这下可犯愁了。国史是由他负责监督撰写的，他清清楚楚地知道里面记载着玄武门之变。当时，李世民为了争夺皇位，杀死了兄弟李建成和李元吉。如果让唐太宗看到这一段记录，他能不生气吗？

因此，房玄龄心里非常不安。但是皇上已经下令了，又不能抗旨不遵。没有办法，房玄龄只好硬着头皮、提心吊胆地把国史拿给唐太宗看。

唐太宗把国史仔仔细细地看了一遍后，对房玄龄说："其他都还好，只有玄武门之变这件事没有写清楚……"

房玄龄一听，暗暗着急，心想这下真的糟了，看来皇上果然对此不满意。他正琢磨着该怎么回答，忽然听唐太宗又吩咐道："来人，去把史官叫来！"

房玄龄越发着急了。他正想为史官辩解，唐太宗已接着原先的话题说了下去："撰写国史是为了记录历史，给后人以借鉴，所以一丝一毫也含糊不得，不能因为怕得罪皇上就对真相有所隐瞒。朕要把当时的情形详细地给他们讲一讲，好让他们把遗漏的地方补上。"

房玄龄没有想到唐太宗会说出这样一番话来，真是又惊又喜。他由衷地说道："陛下真是心胸宽广，臣深感佩服！"

唐太宗认真地说："诛杀李建成和李元吉，也是迫不得已，这是关系国家安定的大事，没有必要隐瞒。写历史就要告诉后人真实的情况，这样才能够使人们从中吸取教训。朕是一国之君，更要做出表率。朕有责任将历史的真相告知后人。"

唐太宗的诚实赢得了满朝文武的尊敬。以后再有什么事，大臣们都敢于直言，朝廷上下逐渐形成了一种良好风气，从而才有了历史上的"贞观之治"。

写历史就要告诉后人真实的情况，给后人以借鉴。所以必须以事实为准，秉笔直书，据实而录，而不能以个人好恶隐匿真相，否则就是对后人的欺骗，从而也就失去了它本身的价值和意义。唐太宗作为一国之君，对于史官修的国史还要亲自过问，务真求实，确实难能可贵。关于玄武门事件当时社会上有很多传言，唐太宗知道，如不能澄清历史真相，对自己，对后人都不好交代。为了真实地面对历史真相，做到问心无愧，他主动要求说清当时的历史真相，表现了一代君主的伟大和诚实。

诚信、务实是做人办事的基本要求，待人以诚、处事有信、求真务实、不事张扬、说到做到。诚信和求真务实是相辅而成的，不求真，鉴别不出真伪，谈不上诚信；不务实，只说不练、飞扬浮躁、不干实事，怎能取信于人？

该坦白的，一定不要刻意隐瞒

"诚者，天之道也；思诚者，人之道也。"一个人只有立身为诚，把诚信、诚实、诚意视为立身做人之本，襟怀坦白，就能够得到他人对你的真诚。

刘若宰，明朝人，祖籍山东水泊梁山。他学问大，在读书人中威望很高，可是一连几次科举考试都名落孙山。但他仍不灰心，还是一次又一次地参加科举考试。

明朝天启五年（公元 1625 年），刘若宰又参加了那一年的科举考试，这是他第五次参加科举考试了。在笔试中，他发挥得很好，被主考官选出来参加熹宗皇帝亲自主持的面试。

刘若宰经常和一些当时很有声望的文化名人交往，见过很多世面，于是在熹宗皇帝面前一点儿都不害怕。熹宗皇帝一连提了几个问题，他都对答如流，而且声音浑厚清晰。熹宗皇帝听了非常高兴，于是就又随口问了一句："祖籍哪里？"

刘若宰知道皇帝最忌讳起义军，水泊梁山又是三岁小孩都知道的起义军的老窝，要是对皇帝说了实话，皇帝肯定会不高兴的，于是就想编个谎话骗过皇帝。

可是刘若宰又想一想，"我怎么能不承认自己的祖籍呢？这可是不孝。再说我怎么能说谎呢？"于是，他挺起胸膛说："回陛下，小民祖籍水泊梁山。"熹宗皇帝一听，脸上的笑容立刻就消失了，严肃地问："你从小就住在水泊梁山吗？"

刘若宰知道熹宗皇帝已经不高兴了，依然照实回答："小民的祖父和曾祖父都住在梁山，到了我父亲时就搬到江苏去了，我是在江苏出生长大的，从来没有去过梁山。"

就这样面试结束了，刘若宰知道自己已经不可能被选为状元了。第二天，皇榜贴出来了，第一名是一个远远比不上他的叫余煌的人。他从第二名开始看，到最后一名也没看到自己的名字。这件事对刘若宰打击很大，可他还是决定参加三年以后举行的下一次殿试。

崇祯元年（公元 1628 年），熹宗皇帝去世了，思宗皇帝即位。在那一年的科举考试中，刘若宰中了头名状元。

刘若宰无疑是诚实的，他当时如果隐瞒祖籍，说个谎，很可能那次的状元就是他了；但是，他没有那么做，而是很真诚地坦白说出自己的祖籍。在诚实与状元这二者之间，他选择了诚实，这是难能可贵的。

北宋词人晏殊，素以诚实著称。在他十四岁时，有人把他作为神童举荐给皇帝。皇帝召见了他，并要他与一千多名进士同时参加考试。结果晏殊发现考试题目是自己十天前刚练习过的，就如实向真宗报告，并请求改换其他题目。宋真宗非常赞赏晏殊的诚实品质，便赐给他"同进士出身"。

晏殊当职时，正值天下太平。于是，京城的大小官员便经常到郊外游玩或在城内的酒楼茶馆举行各种宴会。晏殊家贫，无钱出去吃喝玩乐，只好在家里和兄弟们读写文章。有一天，真宗提升晏殊为辅佐太子读书的东宫官。大臣们惊讶异常，不明白真宗为何做出这样的决定。真宗说："近来群臣经常游玩饮宴，只有晏殊闭门读书，如此自重谨慎，正是东宫官合适的人选。"晏殊谢恩后说："我其实也是个喜欢游玩饮宴的人，只是家贫而已。若我有钱，也早就参与宴游了。"通过这两件事，使晏殊在群臣面前树立起了信誉，而宋真宗也更加信任他了。

晏殊因为诚信坦白，不隐瞒事实，而被人信任有加，诚信对一个人来说是最可贵的品质。拥有诚信，就能建立起别人对自己的信任，拥有了诚信，就拥有了成功的一半。

我国著名翻译家傅雷说过："我一生做事，总是第一坦白，第二坦白，第三还是坦白。"诚信守约应是我们每个人必修的品德。

承担属于自己的责任

"天下兴亡，匹夫有责"，有责任心，就要敢于承担责任。石墨与金刚石，是同一种碳元素，石墨很软，而金刚石却是世界上最硬的物体，石墨要变成金刚石需经过几千度高温和上万个大气压的锤炼。我们每一个人的潜能都差不多，只要你能经受得住"高温高压"，那么你也就能够创造出辉煌。

唯有责任，才能担任；唯有担任，才能付出；唯有付出，才能收获。因此，要学会做人，必须要有"责任心"。

皇甫绩是隋朝有名的大臣。他三岁的时候父亲就去世了，母亲一个人难以维持家里的生活，就带着他回到娘家住。外公见皇甫绩聪明伶俐，又没了父亲，怪可怜的，因此格外疼爱他。

皇甫绩的外公叫韦孝宽。韦家是当地有名的大户人家，家里很富裕。由于家里上学的孩子多，外公就请了个教书先生，办了个家庭学堂，当时叫私塾。皇甫绩就和表兄弟们一起在家庭学堂里上学。

外公是个很严厉的老人，尤其是对他的孙辈们，更是严加管教。私塾开学的时候，就立下了规矩，谁要是无故不完成作业，就按照家法重打二十大板。

有一天，上午上完课后，皇甫绩和他的几个表兄躲在一个已经废弃的小屋子里下棋。一贪玩，不知不觉就到了下午上课的时间。大家都忘记了做老师上午布置的作业。

第二天，这件事被外公知道了，他把几个孙子叫到书房里，狠狠地训斥了一顿。然后按照规矩，每人打了二十大板。

外公看皇甫绩年龄最小，平时又很乖巧，再加上没有父亲，不忍心打他。于是，就把他叫到一边，慈祥地对他说："你还小，这次我就不罚你了。不过，以后不能再犯这样的错误。不做功课，不学好本领，将来怎么能成大事？"

皇甫绩和表兄们相处得很好，表兄们都很爱护他。看到小皇甫绩没有被罚，心里都很高兴。可是，小皇甫绩心里却很难过，他想：我和表兄们犯了一样的错误，耽误了功课。外公没有责罚我，这是心疼我。可是我自己不能放纵自己，应该也按照私塾的规矩，挨二十大板的打。

于是，皇甫绩就找到表兄们，求他们代外公责打自己20大板。表兄们一听，都笑了出来。皇甫绩一本正经地说："这是私塾里的规矩，我们都向外公保证过，触犯规矩甘愿受罚，不然的话就是不遵守诺言。你们都按规矩受罚了，我也不能例外。"

表兄们都被皇甫绩这种诚心改过的精神感动了。于是，就拿出戒尺打了皇甫绩二十下。

后来皇甫绩在朝廷里做了大官，但是这种从小养成的信守诺言、勇于承担责任的品德一直没有丢，这使得他在文武百官中享有很高的声望。

"责任"是什么？它是指当没有做好应做的事或是做错了事时，应当勇于主动承担过失。我国的皇甫绩是这样，美国前总统里根也是这样的人。1920 年，11 岁的里根踢足球时不小心踢坏了邻居家的玻璃，人家索赔 12.5

美元。里根向父亲认错后，父亲让他对自己的过失负责。里根为难地说："我没钱赔人家。"父亲说："借你 12.5 美元，一年后还我。"从此，这位美国男孩开始了艰苦的打工生活。经过半年的努力，他终于挣足了 12.5 美元，还给了父亲。里根后来在回忆这件事时说，通过自己的劳动来承担过失，使我懂得了什么叫责任。

诚信不仅是一种品行，更是一种责任；不仅是一种道义，更是一种准则；不仅是一种声誉，更是一种资源。对一个人来说，遵循规则是为人处世的必要准绳，诚信是高尚的人格力量。用诚信为自己赢得信誉，才能站稳脚跟，才能恪尽对自己、对他人、对国家的职责。

守信践约是一种境界

　　诚信的基本含义是守诺、践约、无欺。通俗地表述，就是说老实话、办老实事、做老实人。人生活在社会中，总要与他人和社会发生诸多关系。处理这种关系必须遵从一定的规则，有章必循，有诺必践；否则，一个人就失去了立身之本，社会就失去运行之规。诚信自古便是中华民族优良的传统美德，是人类文明精华的思想。孔子曾说："人而无信，不知其可也"，强调"民无信不立"。历代中国人奉行的是"以信为本，以诚立业"。诚信作为一种重要的道德实质，是我们民族最宝贵的精神遗产。

　　季札，春秋时期吴国人，是吴国国君的小儿子。他博学多才，品行高尚，甚至是自己在心里许下的诺言，也要竭尽全力去做好。

　　一次，季札遵照国君的旨意出使各诸侯国。他中途经过徐国，受到徐国国君的热情款待。两人意气相投，谈古论今，十分投机。

　　几天后，季札要离开徐国继续赶路，徐国国君设宴为季札送行。宴席上不但有美酒佳肴，而且还有优雅动听的音乐，这一切令季札十分陶醉。酒喝到兴处，季札起身，抽出佩剑，一边唱歌一边舞剑，以助酒兴，表示对徐国国君盛情款待的感谢。

这把佩剑不是一般的剑，剑鞘精美大方，上面雕刻着蛟龙戏珠的图案，镶嵌着上等宝石，在灯光的照耀下显得格外精致。剑锋犀利，是用上好的钢制成的，看起来寒光闪闪，令人不寒而栗，挥舞起来更是银光万道，威力无穷。徐国国君禁不住连声称赞："好剑！好剑！"

季札看得出徐国国君非常喜欢这把宝剑，便想将这把剑送给徐国国君作纪念。可是，这是出使前父王赐给他的，是他作为吴国使节的信物，他到各诸侯国去必须带着它，才能被接待。现在自己的任务还没有完成，怎么能把剑送给别人呢？

徐国国君心里明白季札的难处，尽管十分喜欢这把宝剑，却始终没有说出，以免让季札为难。

临分手的时候，徐国国君又送给季札许多礼物作为纪念，季札对徐国国君的体谅非常感激，于是在心里许下诺言：等我出使列国归来，一定要将这把宝剑送给徐国国君。

几个月后，季札完成使命，踏上归途。一到徐国，他顾不得旅途的劳累，直接去找徐国国君。然而，出乎意料的是，徐国国君不久前暴病身亡了。

季札怀着沉痛的心情来徐国国君的墓前，三行大礼之后，对着徐国国君的墓说："徐君，我来晚了，我知道你喜欢这把宝剑，现在我的任务完成了，可以将这把剑送给您了。"说完，解下佩剑双手敬到墓前，然后郑重地把剑挂到了墓前的松树上。

跟在一旁的随从不解地问："大人，徐国国君已经去世了，你把剑送给他，他也看不到，你这么做有什么用呢？"

季札说："在离开徐国之前，我已经在心里许下诺言，要将这把剑送给

101

徐君。从那时起，这把剑就已经不属于我了。这段时间以来，我只不过是借用，现在是来把剑还给徐君的。"

自古以来，圣贤一再地教诲我们，高迈的志节往往是表现于内心之中。就像季札，他并没有因为徐君的过世，而违背做人应有的诚信，何况他的允诺只是发生于内心之中。这种"信"到极处的行为，令后人无比崇敬与感动。

一个人成败的根源，源于我们内心的诚与信。如果连应有的信用都做不到，那很难想象，还有什么样的事情，能够成就得了。孔子说："人而无信，不知其可也。"没有信用，就好像车子无法走动一样。《中庸》说："不诚无物。"如果缺乏真诚的心与应有的信义，那任何的事业都很难有所成就。

守诚就是真实不妄、诚实不伪，是诚信的根本。曾国藩说："诚可以化育天地万物，求诚须不欺，不欺必能居敬慎独……是谓天行。"喜欢季札之剑是徐君的真实感情，赠剑与徐君亦是季札的真实想法，否则就不会有"挂剑"的故事。

真诚之人，才会有真诚的回报

关于与人为善和真诚待人，孔子说："己所不欲，勿施于人。"孟子说："爱人者人恒爱之，敬人者人恒敬之。"老百姓说："投之以桃，报之以李"、"你敬我一尺，我敬你一丈"。

每个人都希望得到别人的真诚相待，要想别人真诚待你，你就应当首先主动真诚地去对待别人。你怎样待人，别人也会怎样待你。你与人为善、真诚待人，别人通常也会反过来如此待你。

很多年以前，在一个暴风雨的晚上，有一对老夫妇走进一家旅馆的大厅要求订房。

"很抱歉，"柜台里一位年轻的服务生说，"我们这里已经被团体包了，往常这种情况时，我们都会把客人介绍到另一家旅馆，可是这次很不凑巧，据我所知，附近的旅馆都已经客满了。"

看到老夫妇一脸的遗憾，服务生赶紧说："先生，太太，在这样的夜晚，我实在不敢想象你们离开这里却投宿无门的处境。如果你们不嫌弃的话，可以在我的房间住一晚，那里虽然不是豪华套房，却十分干净——我今天晚上要在这里加班。"

这对老夫妇虽然感到不好意思，但是他们还是谦和有礼地接受了服务生的好意。

第二天一大早，当先生下楼来付住宿费的时候，那位服务生依然在当班，但他婉言拒绝了老先生，说："我的房间是免费借给你们住的，我昨天晚上在这里已经争取了额外的钟点费，房间的费用本来就包含在里面了。"

老先生说："你这样的员工是每一个旅馆老板梦寐以求的，也许有一天我会为你盖一座旅馆。"

年轻的服务生听了笑了笑，他明白老夫妇的好心，但他只当它是一句笑谈。

又过了几年，那个柜台服务生依然站在那家旅馆上班。有一天，他忽然接到老先生的来信，信中详细地叙述了他在那个暴风雨晚上的记忆。老先生邀请服务生到曼哈顿去和他见上一面，并附上往返的机票。

几天以后，服务生来到曼哈顿见到了老先生。老先生指着眼前的建筑物解释说："这就是我专门为你建的饭店，我以前曾经说过的，你还记得吗？"

"您在开玩笑吧？"服务生不敢相信地说，"我有点糊涂了，请问这是为什么？"

老先生很温和地说："我的名字叫威廉·渥道夫·爱斯特。这其中并没有什么阴谋，因为我认为你是经营这家饭店的最佳人选。"

这家饭店就是美国著名的渥道夫·爱斯特莉亚饭店的前身，这个年轻的服务生就是该饭店的第一任总经理乔治·伯特。乔治·伯特怎么也没想到，自己用一夜的真诚换来的竟是一生辉煌的回报。

真诚待人是一个双赢的选择。只有真心付出了才能赢得别人的尊重和赏识，才能得到意想不到的回报。如果没有那个年轻服务生的真诚待人，老夫妇在那个暴风雨的晚上可能会出意外，那么就没有了那个饭店，也没有年轻服务生辉煌的成就；如果不是年轻服务生的真诚待人，老先生也不会慧眼识英才，认为他是每一个旅馆老板梦寐以求的员工，因此让他成为饭店的第一任总经理；如果没有老先生的真诚，想着报恩，回报年轻服务生，也就没有了年轻服务生这一生辉煌的成就；如果没有老先生真诚地回报年轻服务生，他也不会因为得到器重而发挥自己的潜能，为了报答老先生，而把这家饭店发展成为美国著名的饭店。

他们都因为怀着一颗感恩的心，真诚地付出，才迎来了双赢。

但是在生活中，有的人对真诚待人抱怀疑或否定态度，理由是：我真诚待人，人若不真诚待我，那我岂不是很傻、很吃亏么？

不能否认，生活中有这样的人：虚伪、狡诈、阴险，一肚子小心眼，玩弄他人的真诚，戏弄他人的善良，算计他人的毫无防备，蹂躏他人的真情实意，以怨报德、以恶报善。

但是，这种人在生活中毕竟是极少数，当他们的嘴脸充分暴露后，必将被众人所指责和唾弃，并被群体厌恶和排斥。

因此，当我们的善良和真诚被心怀叵测的人愚弄之后，吃亏更多、损失更大的并不是自己，而是对方。伤人的人在承受你的愤恨的同时，还要承受他人的蔑视以及被群体排斥的孤独。

若与人相处中付出的十分真诚得到了八九分的回馈，自然是情有所值、利大于弊。

有的人怕真诚待人吃亏上当，因此想别人主动先真诚待己。你真诚待我，我再真诚待你，这是被动为善的人际关系态度。如果人人都这样想，人人都不肯首先付出，那这个世界上还能找到真诚吗？

很多人都觉得，积极主动地付出友善真诚仅仅是讲如何对待别人，其实准确地说，友善真诚地待人更重要的是指如何善待自己。你待人以善意，别人以善意相报，你待人以真诚，别人以真情回馈。这也是就是我们经常所说的"将心比心""以心换心"。

友善真诚待人的结果是双赢。深刻的道理，往往是简单的；而简单的道理，真正做到了却很不简单。

真诚是人与人心灵的桥梁，付出了，就能真正走进人的心里，滋润人的心灵，赢得尊重和赏识。因为感恩，所以真诚；因为真诚，所以感恩。真诚是一个天平，只有双方都付出了，才会达到平衡，这个世界才能和平稳定，人类才会欣欣向荣。

成就卓越的"信用卡"

美国金融家罗塞尔·塞奇说："坚守信用是成大事者的最大关键。一个人要想赢得人家的信任，一定要下极大的决心，花费大量的时间，不断努力才能做到。"

如果你拥有良好的品性，能让人在心里默认你、信任你，那么你就有了一项成大事者的资本。

综观古之成大事者，无不将诚信作为安身立命的根本。明清时期，晋商、徽商两大商帮曾利倾九州，鼎足华夏，领数百年风骚，很重要的一点就是他们诚实守信，坚守义利兼顾、利以义取的从商之道。晋商史料中有很多不惜亏本也要保证信誉的记载。而徽州，素有"东南邹鲁"之称，商人"贾而好儒"。正是由于他们的吃苦耐劳和诚实守信，才享誉天下，把店铺遍设大江南北、长城内外。

古往今来，有多少诚信之人令我们感动，有多少诚信之事让我们难忘。古人成大事的，没有一个不是守信的人。

张良，汉代人，从小就是尊敬老者、信守约定的好孩子。

有一天，张良悠闲地在桥上散步。有位老人，穿着粗布短衣，走到张良跟前，故意把穿在脚上的草鞋丢到桥下，并且看着张良说："小子，去把鞋给我捡回来！"

张良愣了一下，但是看他年老，就到桥下取回鞋子，递给他。

老人坐在桥头，眼皮也不抬一下，就说："给我穿上。"

于是，张良跪在地上，老人心安理得地伸出脚让张良把鞋给他穿上，然后老人就笑着离开了。张良非常吃惊地望着老人的背影。谁知，那个老人走了几步又转过身来，对着张良招招手，示意张良到他跟前儿去。

张良乖乖地走上前去，老头和蔼地对他说："我看你这娃不错，值得教导。五天后天一亮，和我在这里见面。"

张良行了个礼说："是。"

五天后，天刚刚亮，张良来到桥上，那个老人已经坐在桥上了。没有等张良开口，老人就很生气地说："现在天已经天亮了，年轻人这么不守信用，和长辈约会还迟到，长大后还能有什么作为。五天以后，鸡叫时来见我。"说完老人就走了。

过了五天，鸡刚叫，张良就去了，老人又已经先到那里了。老人十分生气地说："我已经听见三声鸡叫了，你怎么才来，五天以后再早一点儿来见我。"

又过了五天，张良半夜就到桥上等着那个老人。一会儿，老人也来了，他高兴地说："年轻人要成大事，就要遵守诺言，说什么时候到就什么时候到。"

接着老人又从怀里掏出一本又薄又破的书，说："读了这本书，就可以成为皇帝的老师。这话会在十年后应验。十三年后，你会在济北见到我，谷城山下那块黄石就是我。"说完之后，老头儿就离开了，以后再也没有出现过。

天亮时，张良看老人送的那本书，原来是《太公兵法》，又叫《黄石兵书》。张良非常珍惜这本书，认真学习，从中学到了许多知识。并且他还时刻遵守老者的教诲，严格要求自己，立志永远做一个信守诺言的人，这样才能让别人信任自己，从而成就了一番大事业。

果真，张良后来帮助汉高祖刘邦完成了统一大业，成为历史上有名的将领。

张良从那位老人的教导中知道了遵守诺言的重要性，从今以后立志成为一个守信之人，终于他成就了一番事业。如果张良每次与那位老人约定时间总是迟到，那么老人也不会给他兵书，张良也很难养成遵守诺言的品质，想成就一番事业也是很难的。所以说，诚实守信是一个人成就大事的必备品质，是通向成功之门的"通行证""信用卡"。

从古至今，成大事者，多是重诚信、有法度的大智大仁者。

三国时，诸葛亮出兵祁山第四次攻魏，在这紧要关头，蜀军中有八万人服役期满，正整装待返故乡。蜀将领纷纷向诸葛亮进言，要求把八万士兵留下，等打完这一仗再走。诸葛亮断然拒绝道："统率三军必须以绝对守信为本，我岂能以一时之需，而失信于军民。"遂下令各部，催促兵士登程。此令一下，准备还乡的士兵开始感到意外，接着欣喜异常，感激得涕泪交流。他们反而不愿走了，纷纷说："丞相待我们恩重如山，我们应誓死杀敌，以报大恩。"他们自愿报名，要求留下参加战斗，那些在队的士兵受到极大鼓舞，士气格外高昂。诸葛亮紧要关头不改原令讲诚信，使还乡的命令变成了战斗的动员令，致使士兵们人人奋勇，个个争先，从而使得魏军大败。

当然，也有一些不讲诚信、自食苦果的反面教材。轻者遭人鄙视，重则招来灭顶之灾。西周时期，周幽王宠爱王妃褒姒，因褒姒不爱笑，周幽王就百般讨好，竟到用点燃骊山烽火戏弄诸侯来博美人一笑。如此轻率的做法，不仅将诚信付之一炬，也把自己的前程命运化成了灰烬。

一个人一旦失信于人一次，别人下次再也不愿意和他交往或发生贸易来往了。别人宁愿去找信用可靠的人，也不愿再找他，因为他的不守信用可能会生出许多麻烦来。

不要随意信口开河地承诺

诺言，这个词不用我说，大家也都理解这个词的意思。古人就有"一诺千金"，"君子一言，驷马难追"的成语。但是现在，诺言对于一些人来说，时常是"空头支票"，许下天花乱坠、感天动地的誓言，往往都不能实现。这里要说的是，不要轻易许下诺言。

成功的人很会注意承诺这个细节。他不会轻易承诺某一件事，即使有把握，也不会轻易承诺。

而生活中有许多人都把握不了承诺的分寸，他们的承诺很轻率，不给自己留下丝毫回旋的余地，结果使许下的诺言不能实现。

国内某高校一个系主任，向本系的青年教师许诺说，要让他们中三分之二的人评上中级职称。但当他向学校申报时，出了问题，学校不能给他那么多的名额。他据理力争，跑得腿酸，说得口干，还是不能解决问题。他又碍于面子，不愿意把情况告诉系里的教师，只对他们说："放心，放心，我既然答应了，一定要做到。"最后，职称评定情况公布了，众人大失所望，把他骂得一钱不值。甚至有人当面指着他说："主任，我的中级职称呢？你答应的呀！"

而校领导也批评他是"本位主义"。从此，他既在系里信誉扫地，校领导也对他失去了好感。

系主任没有认真地对事情进行分析就轻易地夸下"海口"，结果搬石头砸了自己的脚，在别人的心中留下了只会"说大话"的印象了，尽管他自己为这事也付出了不少的努力，但结果事情没办成还落下如此"美名"，得不偿失啊。

小李是 T 公司的会计部职员。到了年终，小李兴冲冲来到会计部王经理的办公室问道："王经理，你说过只要我们部将今年的年终报表做好就可以加 5% 的工资，是吧？"

"我是说过，小李，可是……"王经理说道，"可是你知道公司有自己的一套关于薪金、晋升的规定和程序，并不是我可以随意更改的，嗯，我向总部申请看看吧。"

"啊？王经理，我们部的员工都是在你这句话的鼓动下才加班加点完成工作的呀，小胡还带病坚持工作呢，现在这个结果让我怎么跟他们说呢……"

"好吧，别不高兴，我一定会去向总部提出申请表彰你们的辛苦工作的，一定会的，我保证。"王经理也觉得很尴尬，安慰说道。

最后，小李还是带着失望的表情离开了王经理的办公室。

这个案例中，谁犯了错误是很清楚的。王经理不能轻易许诺，"轻诺必寡信"是千古不变的道理，王经理在下属的眼中是代表公司的，他不讲信用，员工就会认为公司不讲信用，在不讲信用的公司工作多没意思？怎么能做好工作呢？

因此，我们在做人办事中，不要轻率许诺，许诺时不要斩钉截铁地拍胸脯，应留一定的余地。当然，这种留有余地不是给自己不努力寻找理由，自己必须竭尽全力去实现诺言。

一个人的诚实与信誉是获得良好人际关系，走向成功的基础，而能否兑现承诺便是一个人是否讲信用的主要标志。

"你的承诺和欠别人的一样重要。"这是人们的普遍心理。当你要应承别人某一件事情时，你一定要三思而行。

因为，当对方没有得到你的承诺时，他不会心存希望，更不会毫无价值地焦急等待，自然也不会有失望的惨痛。相反，你若承诺，无疑在他心里播种下了希望，此时，他可能拒绝外界的其他诱惑，一心指望你的承诺能得以兑现。结果你很可能毁灭他已经制定的美好计划，或者使他延误寻求其他外援的时机，一旦你给他的希望落空，那将扼杀他的希望。

而如此一来，你的形象就会大跌，别人因你不能信守承诺而不相信你了，别人也不再愿与你共事，不愿再与你打交道，那么，你只能去孤军奋战。有些人在生活上或工作上经常不负责，许下各种承诺，但不能兑现承诺，结果给别人留下恶劣的印象。如果承诺某种事，就必须办到，如果你办不到，或不愿去办，就不要答应别人。

世界上的事物总是发展变化的，你原来可以轻松地做到的事可能会因为时间的推移、环境的变化而想要再次做到就有一定的难度。如果你轻易承诺下来，不仅会给自己以后的行动增加困难，对方也会因为你现在的承诺而导致将来的失望。所以不要轻易承诺，不然一旦遇上某种变故，让本来能办成的事没能办成，这样一来，你在别人眼里就成了一个言而无信的伪君子。

给人承诺时，不要把话说得太满，以为天下没有办不成的事，那很容易给人留下虚伪的印象。那么该怎样承诺才不会有失分寸呢？应该根据具体情况采取相应的承诺方式和方法。以下有三种方法可借鉴：

1. 对把握性不大的事儿，可采取弹性的承诺。如果你对情况把握不大，就应该把话说得灵活一些，使之有伸缩的余地。例如，使用"尽力而为""尽最大努力""尽可能"等有较大灵活性的字眼。这种承诺能给自己留一定的回旋余地。

2. 对时间跨度较大的事情，可采取延缓性承诺。有些事情，当时的情况认准了，可是由于时间长了，情况会发生变化。那么，在你的承诺中可以采用延缓时间的办法，即把实现承诺结果的时间说长一点，给自己留下为实现承诺创造条件的余地。

比如：有人要求老板给自己加薪，老板可以这么说："要是年终结算，公司经济效益好，公司可以给你晋升一级工资。"用"年终结算"一语表示实现承诺时间的延缓，显得既留有余地，又入情入理。

3. 对不是自己所能独立解决的问题，应采取隐含前提条件的承诺。如果你所作的承诺，不能自己单独完成，还要求别人帮忙，那么你在承诺中可带一定的限制。

比如：承诺帮朋友办理家属落户的问题，这涉及公安部门和国家有关政策，你不妨这样说更恰当一点："如果以后公安部门办理农转非户口，而且你的条件又符合有关政策，我一定帮忙。"这里就用"公安部门办理"、"符合有关政策"等对承诺的内容做了必要的限制，既见自己的诚意，又话语灵活，具有分寸，还向对方暗示了自己的难处（也要求别人），真是一石三鸟。

为人处世，应当讲究言而有信，行而有果。因此，承诺不可随意为之，信口开河。明智者事先会充分地估计客观条件，尽可能不做那些没有把握的承诺。

须知，有了承诺，就应该努力做到，千万不要乱开"空头支票"，不然不仅伤害了对方，还会毁坏自己的声誉，使你在社会上难有立足之处。

　　从不许诺太圆滑；随便许诺太轻浮；不轻易许诺才是明智之举。许诺的多少、轻重和许诺者的实力、品行成正比。相对来说，诺言往往看重的是结果。因此，许了多少诺言是不能说明什么的；能说明信用的是实现了多少诺言。毁诺者先毁的是诺言，后毁的是自己；守诺者先守的是诺言，后守的是自己。

面对诱惑时，仍需要恪守本分

杨震（？—124），字伯起，东汉弘农华阴（今属陕西）人。

杨震公正廉洁，不谋私利。他任荆州刺史时发现王密才华出众，便向朝廷举荐王密为昌邑县令。后来他调任东莱太守，途经王密任县令的昌邑（今山东金乡县境）时，王密亲赴郊外迎接恩师。晚上，王密前去拜会杨震，两人聊得非常高兴，不知不觉已是深夜。王密准备起身告辞，突然他从怀中捧出黄金，放在桌上，说道："恩师难得光临，我准备了一点小礼，以报栽培之恩。"杨震说："以前正因为我了解你的真才实学，所以才举你为孝廉，希望你做一个廉洁奉公的好官。可你这样做，岂不是违背我的初衷和对你的厚望。你对我最好的回报是为国效力，而不是送给我个人什么东西。"可是王密还坚持说："三更半夜，不会有人知道的，请收下吧！"杨震立刻变得非常严肃，声色俱厉地说："你这是什么话，天知，地知，我知，你知！你怎么可以说没有人知道呢？没有别人在，难道你我的良心就不在了吗？"王密顿时满脸通红，只得连连认错，赶忙地收起金子，惭愧地出门走了。

诚信是一个人生命中的重要组成部分，唯有诚信才能立足于社会，唯有诚信之人才能赢得别人的尊重。无论是为官还是做人，以诚对己，以诚待人，慎微慎独，时刻记住"要想人不知，除非己莫为"的古训，时刻牢记"天知、地知、你知、我知"的道理，绝不可以因别人不知道就宽容和放纵自己。

我国古代有诚信之士为我们树立了好的榜样，同样在我们的身边也不断上演着一幕幕让人感动的诚信故事。

2003 年 8 月，体育彩票足彩第 03025 期湖南中得 5 注一等奖。一位彩票销售员将中得 1 注一等奖，7 注二等奖，21 注三等奖，奖金总额三十多万元的彩票还给了那位中奖彩民。顿时，到处都在传扬着"活雷锋"的故事。

这位"活雷锋"的名字叫邓立明，是益阳沅江市庆云路 23 号的湖南体彩 03051 号投注站的销售员。事情的大概经过是这样的，8 月 23 日下午，销售员邓立明又迎来了一周以来最忙碌的一天，下午 5 点左右，快到足彩销售截止时间，接到一位彩民的电话，称其无法抽身到投注站投注，要求电话投注两张复式票，一张为 32 注的复式票，一张为 128 注的复式票，并请求邓立明为其垫付现金，到 8 月 25 日下午足彩中奖结果公布后，该彩民一直未到投注站付款拿彩票。这时，邓立明已经知道该彩民的 128 注复式彩票中得了当期足彩的大奖，共计奖金有三十多万元，面对这笔唾手可得的巨款，他没有占为己有，而是打电话通知了该彩民，让其付款拿彩票。

讲究诚信的故事总是相似的，那就是面对诱惑，仍然恪守本分的诚信品德。其实，自从我国彩票发行以来，在全国各地都不断上演着感人的诚信故事，在这里就不一一列举了。这就说明在我们的周围恪守诚信、坚守做人原则的大有人在，是值得我们欣慰的好事情。

所谓"君子爱财，取之有道"，而且现今的社会是诚信的社会，没有诚信，没有道德，就不可能拥有一个可持续发展的金钱追求。

在社会的变革年代，在物欲面前，在喧嚣声中，唯有坚持诚实，才能以不变而应万变，坚持诚实，就是守住本分，坚持诚实，就是守住灵魂，坚持诚实，就能把握自己。诚实，是人的最大保护伞，最有力的护身符。

第7章

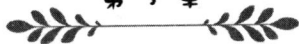

信守不渝：一切从信任开始

做一个值得信赖的人

恪守信用是成功的关键。信誉这东西是易碎品，打造起来要下大功夫，毁坏却不费吹灰之力。

虽然美国成功学大师奥里森·马登说过："任何人都应该拥有自己良好的信誉，使人们愿意与你深交，都愿意来帮助你。"但是，不少人都有这样的看法，即认为一个人的信誉是建立在金钱基础上的，只要有钱，就有信用。事实是，和高贵的品质、聪明的才干、吃苦耐劳的精神比起来，亿万财富实在算不了什么。

今天的银行家们都有眼光，他们对那些资本雄厚，但品质不好，不值得信任的老板绝不会借出一分钱，他们反而愿意把钱借给那些本钱不多，但小心谨慎、能吃苦耐劳的个体业主。银行信贷部的员工们在每次贷款之前，一定要研究申请人的信用状况："对方生意是否稳定？会不会成功？"只有等到认为申请人值得信赖、做人可靠时，他们才肯贷款。

王先生是一家杂志社的编辑，他曾用一种很好的社交形象树立起了他的信誉，结果由一个普通的编辑一跃成为一家刊物的老板。最初，王先生在开始他的计划时，先向一家银行借了一笔他并不急需要用的钱，他说他之所以借这笔钱，目的是为了树立他的信誉。这笔钱借到后，他放在抽屉里并没有用它，当还款日期一到，便将它还给了银行。这样如此几次以后，他得到了这家银行的信任，慢慢地，借给他的钱款数目大了起来。最后一次他借的是一笔大额贷款，用它去发展自己的业务。

王先生说他在开始萌生自己办杂志的念头时估计了一下，起码需要 3 万美元，而他手头上总共才不过一万二千美元。于是，他再次到那家银行，也再次去找每次借钱的那个职员，当王先生将计划原原本本地告诉他以后，他愿意借出 1.8 万美元。不过，这个职员要王先生与银行的经理洽谈一下。最后，这位经理同意如数借 1.8 万美元给他，还说："我虽然对王先生不太熟悉，不过我注意到多少年以来王先生一直向我们借款，并且每次都按时还清。"

人立于天地间，行止言谈时时处处不失信于人而守信于人，则人们也将对你诚笃守信，如此你就可以在纷乱万端的人事之间游刃有余了。

诚实的人最受欢迎

为人不可不诚实，靠骗术行世只会让自己惨败，因为诚实是做人的基本品性，而欺骗者骗来骗去最后欺骗的是自己。

诚实是立足于社会和成大事的重要前提之一。

我的童年是美好的，但由于年幼无知，我做过一件令我至今不能忘记的事。

那是在秋季的一天。我和我的几个伙伴约起出去玩，我们走到一片桃子林的时候，我们几个小伙伴被那桃子树上的桃子吸引住了，光看那桃子红通通的颜色就足以让我们流口水了，忽然一个错误的念头从我们的脑子里闪了出来，伙伴们互相看看又把目光转移到桃子树上去了。当时我很害怕，但还是经不住那可口的桃子的诱惑。树上那一个个又大又圆红通通的桃子似乎在向我们招手，我们就这样迈出了错误的第一步，跑到一棵果实最丰满的桃树下，连忙摘下几个又大又红的桃子塞进我们的口袋里，每个人再摘下一个坐在桃树下吃了起来，吃着、吃着我感到有些不安，心里怦怦跳个不停，而且跳的越来越快。我思索着，农民伯伯的桃子是用他们的辛勤汗水换来的呀！看到被我扔在地上的桃核。我想：如果每个人都像我一样，那么那些农民伯伯辛辛苦苦种的桃子会成什么样子呢？想到这儿我内疚极了。忽然，我们被看管桃园的人发现了，我的几个伙伴都逃走了，但我并没有这样做，一人做事一人当。我则是走上前去主动认错。突然，只听见他说："好哇，好哇知错就改就是好孩子。"他接受了我的道歉，并且摘了一个红红的桃子送给我，我吃了起来，这时我觉得这桃子是世上最好吃的果实，无法用语言来描述它。

随着时间的流逝，这件事已经过去了很久，但我依然还清楚记着，它时常提醒着我做人要做一个诚实的人。

在许多人心里，认为"老实的人吃亏"，"老实就是无用的代名词，"这种偏见是非常有害的，大庆人奉行的"三老四严"原则，对今天人们的成功仍具重要的指导意义。为人处世中所讲的"三老"就是要"做老实人，说老实话，办老实事"。无数事实证明，诚实的人并不吃亏。

从前有一位贤明而受人爱戴的国王，把国家治理得井井有条。国王年纪逐渐大了，但膝下并无子女。最后他决定，在全国范围内挑选一个孩子收为义子，培养他成为未来的国王。

国王选子的标准很独特，给孩子们每人发一些花种子，宣布谁如果用这些种子培育出最美丽的花朵，那么谁就成为他的义子。

孩子们领回种子后，开始精心地培育，从早到晚浇水、施肥、松土，谁都希望自己能够成为幸运者。

有个叫雄日的男孩，也整天精心地培育花种。但是，10天过去了，半个月过去了，花盆里的种子连芽都没冒出来，更别说开花了。

国王决定观花的日子到了。无数个穿着漂亮的孩子涌上街头，他们各自捧着开满鲜花的花盆，用期盼的目光看着缓缓巡视的国王。国王环视着争奇斗艳的花朵与漂亮的孩子们，并没有像大家想象中那样高兴。

忽然，国王看见了端着空花盆的雄日。他无精打采地站在那里，国王把他叫到跟前，问他："你为什么端着空花盆呢？"

雄日抽咽着，他把自己如何精心侍弄、但花种怎么也不发芽的经过说了一遍。没想到国王的脸上却露出了最开心的笑容，他把雄日抱了起来，高声说："孩子，我找的就是你！"

"为什么是这样？"大家不解地问国王。

国王说："我发下的花种全部是煮过的，根本就不可能发芽开花。"

捧着鲜花的孩子们都低下了头，他们全部另外播下了种子。

世界上假的东西很多，它们在一时间也确实蒙蔽了不少人，但假的终究是假的，经不起真实的考验。我们要达成做大事的目的，靠欺骗的手段可能会一时奏效，但远不如诚实更有用。

美国一个小城镇上由于遗弃或收缴来的自行车无人认领，警察决定将它们拍卖。

第一辆自行车开始竞投了，站在最前面的一位大约十岁的小男孩说："5块钱。"叫价持续了下去，拍卖员回头看了一下前面的那位男孩，他没还价。跟着几辆也出售了，那位小男孩每次总是出价 5 元，从不多加。不过 5 块钱实在太少了，因为每辆自行车最后的成交价几乎都是三四十元。

渐渐地，人们都感到奇怪。暂停休息时，拍卖员问男孩为什么不再加价，小男孩告诉他，他只有 5 块钱。

拍卖快结束了，现场只剩下最后一辆非常漂亮的单车，拍卖员问："有谁出价吗？"这时，站在最前面、几乎已失去希望的小男孩轻声地又说了一遍："5 块钱。"拍卖员停止了喊价，观众也静坐着，没人举手，也没有第二个价。最后，小男孩拿出握在手中、已被汗水浸得皱巴巴的 5 元钱，买走了那辆全场最漂亮的自行车。

现场的观众纷纷鼓掌。任何人在现场都被感动进而为那个小孩鼓掌，因为像他那样坦坦荡荡地去竞争的人实在太少。

阿瑟因·佩拉托雷现在是美国曼哈顿航运线的老板。至今，他仍然记得在他10岁时发生的一件事。

那年正是经济大萧条时期，他在一家糖果店的大运货卡车上工作，每天要向100家商店递送特别食品，干12小时的工作只能挣到一个三明治、一杯饮料的报酬：50美分。一天他在桌子底下拾到了15美分并把它交给了老板。老板拍着他的双肩，承认钱是他故意放在那儿的，以看看他是否值得信任。后来，佩拉托雷一直为他工作到上完高中，是他的诚实使他在美国经济最困难的时期保住了自己的工作。

在后来的年代里，他又干过许多工作：侍者、房屋清洁工等。再后来，当他用自己的卡车做生意、挣扎着度过四个连续亏损的惨淡之年时，他就会回想起在糖果店里学到的关于信任的一课。

诚实的人不吃亏；自以为聪明，自以为得意，爱骗人的伪君子，最终是不会成就大事的。

最后请记住：人若不诚实，就无法立身于世，就什么事都做不成。大凡有所成就的人，信守诚实是他成大事的重要因素。

人性中的第一美德

一个人失去了诚实的品格，他就会像一艘在大海中失去了方向的大船，随风飘荡，任意东西；一个人失去了诚实的品格，他就会成为一个心中没有法律、没有规则、没有秩序的人。

诚实作为人性中的第一美德，懂的人多，做的人却极少。有些人喜欢用诚实来装饰外表，而内心总在欺骗别人。表里不一的人，虽能取巧于一时，终究难行久远，难成大器。

真诚会带来以下好处：

（1）减少双方猜忌的机会，降低彼此误解的概率。

（2）双方都不必费心费力在"算计""折磨""对付"等没有意义、不具建设性的事情上，较容易集中重点、讨论问题并达成共识。

（3）维持声望、维护名誉，并保有未来被信任的筹码。

（4）自己表里如一，不必为一再圆谎而辛苦，心情愉快，待人处事就自然多了，也容易和别人沟通。

不管时代怎样发展，社会怎样变迁，诚实永远是成功的根本。

1969 年，美国著名的心理学家约翰·安德森在一张表格中列出了 500 多个描写人的形容词，他邀请近 6000 名大学生挑选出他们所喜欢的成功品质。

调查结果显示，大学生们对成功品质给予最高评价的形容词是"真诚"。在 8 个评价最高的候选词语中，其中有 6 个和真诚有关，它们是：真诚的、诚实的、忠实的、真实的、信得过的和可靠的。

大学生们对成功品质给以最低评价的形容词是"虚伪"。在 5 个评价最低的候选词语中，其中有 4 个和虚伪有关，它们是：说谎、做作、装假、不老实。

约翰·安德森这个调查研究结果在社会上具有普遍意义。生活中我们总是喜欢真诚信得过的人，讨厌说谎不老实的人。

一个诚实的人，不论他有多少缺点，同他接触时，心神就会感到清爽。

这样的人，一定能找到幸福，在事业上有所成就。这是因为他以诚待人，别人对他也会以诚相待。

一个人只要真诚地待人处事，就容易获得他人的合作，甚至有人为你吃亏也不在乎。真诚地做人，则容易让人接纳，能交到更好的朋友。

佛莱明是苏格兰一个穷苦的农民。

有一天，他救起一个掉到深水沟里的小孩。

第二天，佛莱明家门口迎来了一辆豪华的马车，从马车里走下来一位气质高雅的绅士。

见到佛莱明，绅士说："我是昨天被您救起的孩子的父亲，我今天特地赶过来向您表示感谢。"佛莱明说："我不能因为救你的孩子而接受报酬。"

正在二人说话之际，佛莱明的儿子从外面回来了，绅士问道："他是您的儿子吗？"佛莱明不无自豪地回答说："他是我儿子。"绅士说："我们订个协议，我带走您的儿子，并让他接受最好的教育。如果这个孩子像他父亲一样真诚，那他将来一定会成为令您自豪的人。"佛莱明答应签下这个协议。

数年后，佛莱明的儿子从圣马利亚医学院毕业，发明了抗菌药物盘尼西林（penicillin，也叫青霉素），一举成为天下闻名的佛莱明·亚历山大爵士。

他在 1944 年获得诺贝尔医学奖，并受封骑士爵位。

有一年，绅士的儿子，也就是被佛莱明从深水沟里救出来的那个孩子染上了肺炎。是谁将他从死亡边缘拉了回来？是小佛莱明发明的盘尼西林救了他。

那位气质高雅的绅士是谁？他是上议院议员老丘吉尔。绅士的儿子是谁？他是二战时期英国著名的首相丘吉尔。

本杰明·富兰克林说："一个人种下什么，就会收获什么。"我们如果真诚地对待别人，别人也会真诚地对待我们。

佛莱明因为真诚而让自己儿子有了成才的机会，并使之成为 20 世纪人类医学史上的风云人物，绅士因为真诚而挽救了自己儿子的生命，并使之成为 20 世纪影响人类历史进程的政治家。

好人自有好报。好人一生平安。真诚是财富，真诚是最宝贵的财富。

在这方面进行投资的人，可以获得丰厚的回报。虽然没有谁必须做一个富人或做一个伟人，也没有谁必须做一个智者，但是每个人都必须做诚实的人。

真诚无私能使一个看起来外表毫无魅力的人具备以下几个方面的典型特征：

（1）在对待现实的态度或各种社会关系方面，表现为对他人和对集体的真诚热情、友善、富于同情心，乐于助人，关心和积极参加集体活动；对待自己严格要求，有进取精神，自信而不自大，自谦而不自卑；对待学习、工作和事业，表现得勤奋认真。

（2）在理智方面，表现为感知敏锐，具有丰富的想象能力和高智商；在思维方面有较强的逻辑性，尤其是富有创新意识和创造能力。

（3）在情绪方面，表现为善于控制自己的情绪，保持乐观开朗，振奋豁达的心境，情绪稳定而平静，与人相处时能给人带来欢乐的笑声，令人心旷神怡。

（4）在意志方面，表现出目标明确，行为自觉，善于自制，勇敢果断，坚忍不拔，积极主动等一系列良好的品质。

诚信是立身之本

一个犹太商人在集市上从一个阿拉伯人那里买了一头驴回家，家里人一见非常高兴，就把驴牵到河边洗澡。恰好此时，驴脖子上掉下来一颗很大的钻石，光芒四射，家里人欢呼雀跃，认为这是上天所赐的礼物，当家里人兴高采烈地把这颗钻石带回家时，犹太商人却平静地说："我们应该把这颗钻石还给那位阿拉伯人。"

家里的人不解，犹太商人严肃地说："我们买的是驴子，不是钻石，我们犹太人只能留下属于我们自己的东西。"于是把钻石送还给了阿拉伯人。

阿拉伯人见到钻石很惊奇，对犹太商人说道："你买了这头驴，钻石在这头驴身上，那你就拥有了这颗钻石，你不必还我了，还是自己拿着吧。"犹太商人回答道："这是我们的传统，我们只能拿支付过金钱的东西，所以钻石必须还给你。"

两千多年来，大多数犹太人都是这样，经商的时候一定讲诚信。他们认为诚信经商是商人最大之善，所以在生意场上，他们最为看重诚信。

经商诚为本，就是要求商家在一切经营活动中必须诚实守信。因为诚是一切道德行为的基础和加强道德修养的前提，更是商家立足发展的根本。所以朱熹曾告诫人们："诚是自然底实，信是人做底实。"

在经营活动中，如果我们恪守"经商诚为本"理念，牢记"无诚则无德、无诚则事难成"之准则，就会使所进行的活动得到消费者的认可和信赖，就会达到以真诚为基础上的那种与消费者相融的亲近感；就会为商家创造出一个以信赖为前提的那种与广大顾客心贴心的甜美氛围。

正泰集团董事长南存辉说过，诚信对企业而言是一笔无形资产，是立业之本。特别是在市场经济日益深入，国际竞争越来越激烈的今天，信誉资源比任何时候都显得宝贵。

一次，几位中亚客商带了一亿多元的大订单来到中国考察。他们来到正泰，南存辉开始向他们介绍正泰的情况。

这时，对方翻译突然打断南存辉的讲话，他说："我是中国人，希望中国企业能拿下这笔大订单。你可以把企业的规模说得大一些，他们会相信的。"

南存辉笑了笑，他说："没有必要，是多大就多大，生意做不成事小，丢了诚信事大。"

南存辉继续说起正泰的优势、双方的合作前景，也说起存在的不足和可能出现的困难。

结果，这笔业务成交。外商还称赞，南存辉是位坦诚的商人。

正泰集团之所以用"正泰"这个名字，目的是体现"正气泰然"的思想。南存辉是这样说的："经营要走正道，为人要讲正气，产品要正宗，要讲信誉。"这种"正气泰然"的思想一直影响着正泰的发展。

南存辉还积极倡导"两个X"的观点。南存辉是这样解释的：两个X，一个代表员工，一个代表产品。正泰有一万多名员工，只要有一个员工不讲诚信，正泰的形象就等于零；同样道理，正泰每年有千万件产品出厂，只要有一件不合格，那么正泰的产品在用户的心目中的信用度也等于零。

当有人问南存辉："如果你的一个部下能干但不太讲诚信，企业内部还暂时没有人可以替代，你会对他怎么样？"南存辉毫不犹豫地回答："诚信是一个人的立身之本，也是一个企业的立市之本，不讲诚信，再能干的人，也只能'忍痛割爱'。"

如今，正泰已经是温州有名的企业，南存辉依然视诚信为立身之本。他说："我们在创业中是非常艰苦的，就是靠诚信，一步一个脚印走过来。""正泰在温州'假冒伪劣'的环境中得以脱颖而出，发展壮大，并成为中国低压电器行业第一批认定的驰名商标，成为中国工业电器公认的品牌，正是坚持诚信获得的成功。"南存辉也被认为是温州商人中最有信用的一个，这可以从银行对他的信任中体现出来。

南存辉的个人信用可以使他顺利地从银行贷款 3 亿元！正如南存辉所说："信用对于我意味着一支笔值 3 个亿，因为银行对正泰的授信额度是 3 个亿，只要有我的签字，正泰立刻可以从银行拿到这笔钱。"

不仅仅是像正泰这样的大企业，像南存辉这样的大商人才注重诚信。大多数的温州人在经商的过程中都视诚信为为人处世的准则。

不守诚信，或许可"赢一时之利"，但一定会"失长久之利"。做生意，首先要诚信，诚信是为人处世的根本，也是经商的必备美德。

纵观世界各国，那些在商海中英勇善战，立于不败之地的大公司大集团，他们的成功固然与其领军人物敢于冒险、善于把握机遇等经营策略分不开，但在企业的发展壮大过程中，如果没有诚信作为精神支柱，再庞大再有实力的企业，也终将难逃破产倒闭的命运。

日本著名企业家松下幸之助在其经营理念中，一再强调诚实守信礼让的商业道德。从他的著作中可以看到："智慧、时间、诚意都是企业的另一种投资。不懂得这个道理的人，也不是真正的公司从业人员"等，正是基于这样的经商之道，松下公司由弱变强，成为世界商界的一个巨头。

相反，一些无视诚信的经商者，唯利是图，搞商业欺诈，制假售假，其经营的企业只能过早地衰落。美国著名的安然公司，不正是由于财务欺诈的重大舞弊行为，被迫关门歇业。我国的蓝田股份有限公司，也曾红极一时，广告做得铺天盖地，最终却因涉嫌提供虚假财务信息等原因，公司有关人员受到了法律的制裁。南京冠生园制售陈馅月饼，以次充好，最终在媒体的频频曝光下，遭到了世人唾弃。

诚信为先，是治商之根本。我国古代的晋商、徽商们正是悟到了其中真谛，才兴盛几百年不衰，获得商界栋梁之美誉。今日为商者，同样应尊崇诚信礼义仁为先的经商之道，唯此，企业才能获得旺盛的生命力，才能真正成为激烈商战中的赢家。

为商之道，诚信是金。明清时期，徽商以诚实不欺树立信誉，赢得卓着声誉和滚滚财源，足迹遍及九州，以至于有"无徽不成商"之说。而今华人首富李嘉诚，当人问起他的经商之道时，亦云：无他，信用是证，诚信是金。

诚信是心中的一杆秤

曹世如，红旗连锁的董事长，著名的女企业家。与曹世如有过交往的人，都会对她得出这样一个结论："快人快语，坦率爽直，侠义刚正。"如果以曹世如的话来定义自己，她是一个讲诚信的人。承诺是金，取信于民。

红旗连锁之所以开到哪里红火到哪里，就因为它坚持了以人为本的优质服务理念，遵循"利民、便民、以民为邻"的服务宗旨和诚信为本的经商准则。按照上述宗旨和准则，相应形成五项优质服务基本原则，即：面向社区，方便消费的网点布局原则；以人为本，信誉至上，顾客第一的服务原则；天天平价，让利于民，远离价格欺诈，拒绝恶性竞争的作价原则；承诺是金，取信于民的守信原则；处理投诉与争议，利益向消费者倾斜的"亲善"原则。所有这些原则，都离不开"诚信"二字。

消费者是上帝，凡有投诉，对它的处理必须让消费者满意。2002年春节，红旗连锁举办购物抽奖活动，没有中奖的消费者可以凭奖券去换商品，要求消费者购物后必须向收银员索要收银条，目的是为防止营业员有作弊行为。

活动期间，适逢曹世如生病在床，有关活动的某些细节被疏忽，因而在兑换过程中出现了失误，引起消费者投诉。曹世如发现后立即通过市内多家媒体向消费者公开道歉。由于问题发现得早，措施得力，再加上总经理的真诚道歉，得到了广大消费者的谅解。

还有一年中秋节，有一个品牌的月饼内包装同外包装重量不符，引起消费者的投诉。尽管月饼质量经检验为优良，但曹世如仍然要求将这批月饼全部撤柜。再如一位大学教授投诉某超市服务质量问题，但来信无单位、住址。曹世如根据被投诉店的位置和来信邮戳，终于在某大学找到了这位教授，向他真诚地赔礼道歉。

在成都，红旗连锁的优质服务可谓有口皆碑。曹世如说，零售与老百姓的关系最近，居家用品都关系到他们的日常生活，所以方方面面都疏忽不得。她坦言，多年总结得出的经验是：只要自始至终坚持对消费者待之以诚，即使我们因某一疏失，只要知错就改，也会得到消费者的谅解。优质服务是红旗连锁的承诺，凡有投诉，对它的处理必须让消费者满意，必须坚持利益向消费者倾斜的原则。

曹世如的诚信观，已铸就成都红旗连锁成功和高速发展的基石。

"和气生财，诚信经营"，经商之人都明白这个道理，但是要真正做到这一点，又谈何容易。毛东芝，一位在义乌的普通经商者，在十几年的生意场上，始终恪守着这一商业准则，把它当作心中的一杆秤来严格要求自己。

1994 年，看到身边的很多人都进了小商品城做生意，加之丈夫厂里效益也并不如意，毛东芝决定进城打拼一番。"1994 年时，市场里的家电生意还处在初期摸索阶段，干这一行的人很少，摊位租金也比较便宜，一个摊位一个月只要 60 元。"毛东芝很自然地便把眼光瞄向了家电市场。

1996 年下半年，店里的生意已渐有起色，这时候，毛东芝又做了一个大胆的决策：投资嘉兴科大有限公司的浴霸。这个决定为她日后的生意奠定了良好的基础。2004 年，毛东芝的店面搬迁到了国际商贸城，良好的硬软件环境，使她有了更多施展才能的空间，生意做得更大了，老顾客也变得更多了，诚信也被她看得更重了。

在生意场上拼搏了这么多年，始终坚持诚信经营的毛东芝受到了许多顾客和同事的好评。

1994 年，刚经商不久的毛东芝就被市场里的同事们选为小组长；1999 年以来，曾多次荣获"五好经营户""信用商位""消费者信得过商位"等荣誉称号。2002 年开始，又被评为市级巾帼文明示范岗位优秀分子。对于店里的员工，毛东芝也要求他们做到诚信。"先做人，后做生意，做生意要讲诚信。"平时，毛东芝经常会对店里的员工说上这么一句话。

从以上曹世如和毛东芝诚信经商的事例看来，做人之道与经商之道是统一的，紧密相连的。经商者要想做大做强，必须先做人，那就是诚实守信，始终把它当作一杆秤时刻来衡量自己的做人原则。唯有如此，才能树立起自己的人格品牌，把人格转化为无形的资产，最后成就一番大的事业。

商人一定要学会做人，学会打造自己人格的金字招牌。只有做人为先，服务大众才能获得人心，人心即财富，得人心者得财富。"殊途同归"，做人与经商原本就是相通的。

信誉往往比金钱更重要

在商场上，你可以没有钱，但是你不可以没有信誉。有钱你不一定能够做好生意，有了好信誉，别人自然愿意跟你做生意。

聪明的温州商人善于利用商场上的信誉。温州商人讲信用，为的就是给自己建立信誉，温州商人非常重视信誉。因为，在他们眼里，看不见、摸不着的信誉恰恰是资金的一个良好来源。

大家都知道，参茸的原产地是东北，但是经商的人都知道，全国的参茸市场却在浙江温州。这到底是怎么回事？东北与温州可是相隔千里之遥！

但是，更让你吃惊的是，同一等级的人参，东北原产地的价格约 2000 元/公斤，而在温州却只卖 1900 元/公斤！

明眼人一看就明白，这是赔本的买卖。但是，精明的温州人怎么会做赔本的买卖呢？这实在是令人费解。事实上，这正是温州人的精明所在。

温州人跟东北人做参茸生意时很讲信誉，他们在第一次向东北人订货时，开口就要 10 吨，一手交钱，一手交货。这往往让东北商人觉得温州人非常诚信。而正是利用这点诚信，温州人打起了赊销的主意。

几次生意下来，温州人就利用自己的信誉，先付 20%—30% 的定金，卖掉货后再交钱。在每次生意中，温州人总是按照原先说好的时间付钱，绝不拖欠。这让东北人感到非常踏实。到最后，温州人要货时就可以不用交定金，来年卖完货再付款。

聪明的温州人就是利用自己的信誉来获得参茸的，而参茸在温州人眼里已经不仅仅是参茸了，它们更是可以利用的资金。温州人拿到大量的参茸后，迅速地在市场上销售，有时候甚至低于进价销售，这在外人眼里是不可思议的，而在温州人眼里，参茸变现后的资金，在一年当中可以周转好几次，做好几回生意。年终结算时，尽管参茸生意赔本了，但是其他买卖就赚了不少钱，总的来算，利润还是很可观的。这时的参茸就相当于银行里的贷款了。

在市场上，信誉就是金钱。如果你的信誉好，你就可以先获得他人的产品然后再付钱，在银行贷款方面，信誉也是非常重要的。

康奈集团董事长郑秀康是一个视诚信如金钱的人，正是如此，信誉也为他带来金钱。

1997 年，在福建举行的一个展销会上，康奈集团的郑秀康等人没有带足钱，但是他们又很想采购一些新材料。一位生产商得知是郑秀康希望采购后，马上说："您是康奈的，我相信你们。没带钱也没关系，我先发货。"回温州后，郑秀康就按约定汇去了货款。

现在，郑秀康只需签个名，无须担保、抵押，即可获得建行 1 亿元的授信贷款。

在现代市场经济条件下，信誉决定着创业者事业的发展，信誉是商业发展的命脉。中国香港包玉刚争夺香港最大的码头——九龙仓的控股权，就是以其在香港银行长期良好的信用记录，与英国财团展开了一场收购与反收购之战，在短短的几天里，调动了二十多亿元现金，从而赢得了这场号称世纪收购战的胜利。

包玉刚曾经说过："如果在金钱与信誉的天平上让我选择的话，我选择信誉。"包玉刚重信誉、守信用的品格在香港商界、实业界、金融界是有口皆碑的。他那"言必信，行必果"的豪爽作风，使其朋友满天下。包玉刚把信誉比喻成"签订在心上的合同"。他认为："签订合同是一种必不可少的惯例手续。纸上的合同可以撕毁，但签订在心上的合同撕不毁。"

宋清是长安城里一位人人皆知的药商。他待人仁厚，买卖实在，所以远近闻名。

卖药材的人都知道宋清的人品好，价格合理，所以采药人都争先恐后到他那里卖药。他配的药又从没有出过一点儿差错，人们都很信任他，来他这儿买药的人自然就很多。

有时病人无钱付账，宋清总是说："治病救人要紧。钱什么时候有，再送来就是了。"有的人药费拖了一年，仍无钱付账，宋清也从不上门讨账，每到年底，宋清总要烧掉一些还不起钱的欠条。

有人对此颇不理解，说："宋清这人一定是脑袋有问题，否则，怎么会办那样的傻事？"

宋清却说："我并不傻，卖药四十多年，我烧掉的别人的欠据已经数不清了，这些人并非是为了赖账，有的人后来当了官，发了财，没有欠据，他照样不忘当初的欠条，会加倍地送钱来还我的，真正不能还的毕竟是少数。而且人们是对你信任，才会有事来找你，而不找别人，这是多少钱都买不来的友情。"

宋清善良忠厚，轻利重义，以德取信于人，赢得了人们的信任和敬重，他的生意也就随之越做越大，成了有名的富商。

　　信誉和金钱是人生的杠杆，一般人把金钱看得比信誉重要。可是金钱会用完，信誉却用不完，即使没有钱但有信誉，人家还是会供钱给你。因此，要使人生取得平衡，只有先取得信誉和金钱的平衡，像杠杆一样。有了信誉自然也会有金钱。信誉与时间就是金钱，这是颠扑不灭的道理。信誉不会是只有一次，而是像滚雪球般越滚越大。

　　信誉最要紧的是与人约定要守信誉。用商品来比喻，就是商品的价格要与价值一致，这样才能建立商品的信誉。在商业场上与人约好时间商谈，严守时间最要紧，这样才能建立做生意的信誉。

　　天正集团董事长兼总裁高天乐说过，无信则衰，无信则败。信誉不仅树立了良好的企业形象，还获得了无形的资本，而这正是企业发展最重要的东西。

诚信是财富的基石

"一个人有两样东西谁也拿不走，一个是知识，一个是信誉。我只要求你做一个正直的公民。不论你将来是贫或富，也不论你将来职位高低，只要你是一个正直的人，你就是我的好儿子。"这是联想集团董事局主席柳传志的父亲对他的教诲。此后，无论做什么事情，柳传志都以诚信为先，以真诚为首，这一思想一直到后来他任联想集团总裁的时候都未曾改变。

联想的成功，诚信是重要因素之一，它取信于银行，取信于员工，更取信于投资者，而这一切都离不开柳传志这位当家人，柳传志的父亲"正直做人"的教诲也许就是联想的精神支柱。

1997 年，香港联想因为库存积压造成 1.9 亿港元的亏损，这在当时是个相当大的数字。在这危急的时候，联想的领导层竟然选择了首先告之银行亏损的消息，然后再申请贷款。一般人认为，先借钱再通知银行亏损状况或者干脆不通知银行会比较容易借到钱。但是联想集团宁愿付出天价也不愿失去银行的信任。联想此举果然赢得银行的信任，并再次贷到了款。如果不是联想长期守信用，这件事根本就做不成。

联想集团靠诚信赢得了很高的社会信誉，也赢得了巨大的财富。这就是诚信的力量！

诚信不但是人性的基础，而且是创造财富的基石。做人要讲诚信，经商要讲诚信。但真正的诚信是不能挂在嘴上的，要放在心里，要用心去做。所以，诚信是有价的，也是无价的。

想要别人诚信，自己也得诚信。社会道德需要人们用诚信来维护；诚信的社会没有坑蒙拐骗，人们得到安全和普遍受益。

靠诚信创造的财富谁也拿不走，物质没有了，精神还在，而精神又可以创造财富。联想不仅仅是一个例子，也是一种感动，它值得更多的人去思考。

阿里巴巴，从一家小企业奇迹般地变成目前全球最大的企业电子商务平台。公司的领导者马云正是以自己的才华和激情演绎着财富的诚信故事。

土生土长于浙江的马云一直以自己是浙商而自豪，也因此把公司的总部设在杭州。马云说："一百多年前，胡庆余堂的胡雪岩就把'戒欺''诚信'注入了浙商的血脉。在新的历史时期，对阿里巴巴而言，诚信建设更是一项首要的使命。我们的网络平台，是一个活跃着数以千计企业和个人的巨大社区。我们不仅要以诚信为会员创造价值，同时还要承担起以诚信影响社会的责任。"

早在营运初期，阿里巴巴就给自己制定了两个铁的规定：第一，永远不给客户回扣，否则客户会对阿里巴巴失去信任。谁给回扣一经查出立即开除。第二，永远不说竞争对手的坏话，这涉及一个公司的商业道德。马云坚持所有在阿里巴巴上网的商业信息，都必须经过信息编辑的人工筛选。这个要求从阿里巴巴创业时的 18 个人开始，一直坚持到现在。

客户和会员是阿里巴巴的衣食父母，如何让客户真正从电子商务中赚钱，是阿里巴巴的赢利之本。在马云的眼里，互联网商务世界与现实的商务世界除了工具之外并无不同，而商务交易必须可信。经过一次次调查，马云发现，企业最担心的问题是诚信。企业每天从网上数不清的滚动信息中找到合适的信息不是问题，而如何判别"可疑的家伙"和"可信的家伙"则成了一道难题，这也是电子商务发展的关键。为此，马云第一个提出了在电子商务构建诚信体系的设想。2002年3月，"诚信通"在阿里巴巴企业电子商务平台全面推行，马云提出：让诚信的商人先富起来！

"诚信通"现已成为全球电子商务最火爆的品牌之一。说白了，"诚信通"其实很简单：你要和谁做生意，可先在网上查阅他的"诚信通"档案，众多客户对他的信用评价、获奖情况乃至法院对他的判决结果都一目了然。一个信用情况良好的企业，自然更容易找到合作伙伴。一位学者评价说：在现实层面很难解决的诚信问题，马云却在网上解决了，这非常了不起。目前，全球已有14万客户加入了"诚信通"，会员的成交率和反馈率是免费会员的四五倍。

2003年创建个人电子商务平台"淘宝网"后，马云又一脉相承地建设起一个具有创造性的诚信体系。这个体系被命名为"支付宝"。形象地说，在成为淘宝网"支付宝"会员后，如果你想下单购买某位卖家的某件商品，你的货款将暂时由"支付宝"保管，直到你收到商品并满意后卖家才能拿到你的钱。即使使用"支付宝"购物而受到损失，你也将获得全额赔付。"支付宝"一经推出，即引起业界的高度关注，被誉为"电子商务发展的一个里程碑"，突破了长期困扰中国电子商务发展的诚信、支付、物流三大瓶颈。

目前，马云和阿里巴巴的诚信建设正向纵深发展。马云说：财富并不只是金钱，诚信才是世界上最大的财富。马云在为别人创造良好的诚信交易环境的同时也为自己的公司和个人的事业积累着财富，是诚信为他垫下了财富的基石。

信用是无形资产，是巨大的物质财富，是企业生存和发展的生命线，诚信为那些"诚实守信"的企业赢得了更长久更丰富的利益，诚信是社会永远的财富。

诚信可以赢得机遇

晋商是明清时期称雄于国内外商界 500 年之久的强大商业集团。

14 世纪中叶，山西商人借助明政府实施"开中法"政策的历史机遇，利用靠近北部边防重镇的有利地理位置，推着满载粮食的木轱辘小车，在长城一带数十万兵马驻扎的军事消费市场经营食盐、粮米、棉布、铁器之类军需用品，崛起于国内商界。进入清朝，由于国内统一市场的形成，边疆地区的开发，晋商获得了长足的发展，到道光初年实现了商业资本向金融资本的飞跃，首创票号，进入鼎盛阶段。其财力之雄厚，活动地域之广阔，经营商品之众多，管理制度之严密，在国内商界首屈一指。晋商足迹遍天下，纵横欧亚数万里，堪与意大利威尼斯商人相媲美，是在中国封建社会后期发挥了重要作用的著名商人。

诚然，晋商成功的因素和经验不少。除了大家熟知的节俭吃苦，精于管理，敢冒风险，开拓进取外，"诚实守信""信誉至上"是成就晋商辉煌历史的重要法宝。近代思想家、文化巨擘梁启超在评说山西商人的经营之道和制胜法宝时，更是浓墨重笔写下"晋商笃守信用"六个大字。正是由于一代又一代的山西商人执着地践行"诚信第一"的准则，才使晋商在激烈的商海搏击中能不断地抓住商机，拓展市场，发展壮大。

晋商在中国封建社会后期数百年的经商实践中，一直奉行"诚信为本"，长期坚持按"信誉第一"的宗旨从事经营活动。

在道德观念上，山西商人主张道德为先、利以义制，认为经商虽以赢利为目的，凡事则以道德信义为根基，提倡生财有道、见利思义，反对唯利是图、不择手段。明代著名商人王文显把从商40年的经验总结为："善贾者，处财货之场，而修高明之行。"另一位商人樊现以自己的亲身体会教育子弟说："谁说公道难信呢？我南至江淮，北尽边塞，贸易之际，人以欺诈为计，我却不欺，因此，我的生意日兴，而他们很快衰败。"

《乔家大院》剧中主人翁乔致庸坚持以"首重信，次讲义，第三才是利"作为经商准则。他经常告诫儿孙，经商之道诚信第一，商家必须重视信用，以信誉赢得顾客；其次要讲义，不能用坑蒙拐骗伎俩坑害别人；第三才是利，推崇以义制利，不赚昧良心的黑钱。

正是由于晋商注重道德信誉，把诚信不欺作为经商长久取胜的秘诀，因而市场越拓越宽，生意日渐兴隆，利润逐年递增，终于在当时众商林立的市场浪潮中发展壮大为国内外商界瞩目的商人。

晋商笃守诚信数百年，得到社会各界的普遍公认，在工商业界声誉极高，因此它的发展道路越来越宽，发展机遇也越来越多。

1843年上海开埠后，中外客商云集，外国银行纷纷而来。到20世纪初，上海很快发展成为远东商贸金融中心，票号、钱庄、外资银行一度在上海呈鼎足之势。起先，外国洋行要采买中国内地土特产品必须依靠票号在全国的汇兑网络。因此，票号与钱庄、外国银行常发生一些业务往来关系。每个票号都和四五个基础牢固信誉好的钱庄订立往来合同，常把游资交给钱庄保管，需用时候随时提取。有时票号也将闲余款子存放外国银行。因此，当时上海汇丰银行的一位经理曾对晋商的信用给予这样的评价："二十五年来汇丰与山西商人做了大量的交易，数目达几亿两，但没有遇到一个骗人的中国人。"山西商人的信誉使外国人心服口服。

1900 年，八国联军攻占北京，京诚许多王公贵族随着慈禧、光绪帝仓皇西逃，他们来不及收拾家中的金银细软，随身携带的只有山西票号的存折。一到山西，这些人纷纷跑到票号兑换银两。在这种情形下，山西票号按情理完全可以向北京来的储户说明京城分号在战乱中银库被劫，损失惨重，甚至连账簿都被烧毁的难处，等总号重新清理账目后再行兑付。但是，以日升昌为首的山西票号没有推脱，只要储户拿出存银的折子，不管面额数目多大，一律立刻兑现。他们不惜以甘冒风险的惊人之举再次向世人昭示了信义在票号业中至高无上的地位。

风险过后必然伴随着更多的机遇，带来更大的收益。战乱一结束，当山西票号在北京的分号重新开业时，不但普通老百姓纷纷将多年辛劳积蓄的银两放心大胆地存入票号，甚至清政府也将一笔又一笔大额官银、军饷交给票号汇兑、收存。诚信经营给票号带来了巨额利润。

商界有一个这样的规律：一个消费者对产品质量和售后服务感到满意，平均会向 10 个朋友反映，一个消费者对产品质量和售后服务感到不满，平均会向 25 个朋友反映。所以，在坚持诚信的路上，不允许有丝毫的懈怠。

一个人经商赚钱有时靠机遇，但仅仅有机遇是不够的。做生意赚钱一次两次靠运气不难，一年两年靠机遇也能行，但要做到几十年不败，其中测定有"道"，这个"道"就是诚信。

只有守信，事业才能做长久

信用、信义是一个人立身行事之本。商场中是最要讲究信用的，没有信用，坑蒙拐骗，偷奸耍滑，生意最终不可能长久。

清朝"红顶商人"胡雪岩经常说："做人无非是讲个信义，生意失败，还可以重新来过；做人失败，不但再无复起的机会，而且几十年的声名，付之东流。"其实，做生意与做人，本质上应该是一致的，一个真正成功的商人，往往也应该是一个讲信义之人。

比如胡雪岩，就可以称得上是一个真正的仗义守信的成功商人，也可以说他的仗义守信，正是他能够获得比一般人大得多的成功的重要条件，也使得他的生意也比别人做得长久。

胡雪岩的仗义守信从下面这件事情上可以略见一斑。胡雪岩的钱庄开业不久，接待了一位特殊的客户。一天傍晚时分，一名军官手里提着一个很沉重的麻袋，指名要见"胡老板"。

等胡雪岩被从家里找来，这名军官把姓名和官衔报了出来："我叫罗尚德，钱塘水师营十营干总。"然后，他把麻袋解开，只见里面是一堆银子，有元宝，有圆丝，还有散碎银子。随后他又从怀里掏出一沓银票，放在胡雪岩面前。

"胡老板，我要存在你这里，利息给不给无所谓。"

听了这句话，胡雪岩大为感动，一个素昧平生的人，竟然如此信任自己。不过胡雪岩心想，以罗尚德的身份、态度和这种异乎寻常的行为，这笔存款既可能是一笔生意，也可能是一种麻烦。

随后，胡雪岩了解到罗尚德是四川人，家境相当不错，但从小不务正业，是个十足的败家子，因而把父母气得双双亡故。

罗尚德从小订过一门亲，女家也是当地一个财主，好赌的罗尚德不时伸手向岳父家要钱，前后共用去岳父家一万五千两银子。后来女家见他不成材，便提出退婚，并说如果罗尚德肯把女家订婚时的庚帖退还，他们可以不要这一万五千两银子，另外再送他一千两银子。不过希望他今后能到外地谋生，免得在家乡沦为乞丐，给死去的父母丢脸。这对罗尚德是个刻骨铭心的刺激，他撕碎了庚帖，并且发誓说，做牛做马，也要把那一万五千两银子还清。罗尚德后来投军，辛辛苦苦 13 年熬到六品武官的位置，自己省吃俭用，积蓄了这一万多两银子，如今已经接到命令要到江苏与太平军打仗，没有可靠的亲眷相托，因而拿来存入阜康钱庄。他将银子存入胡雪岩的阜康钱庄，既不要利息，也不要存折，一来是因为他相信阜康钱庄的信誉，他的同乡刘二经常在他面前提起胡雪岩，而且只要一提起来就赞不绝口；二来也是因为自己要上战场，生死未卜，存折带在身上也是一个累赘。

得知罗尚德的具体情况后，胡雪岩心里盘算了一下，说道："罗老爷，承蒙你看得起阜康，当我是一个朋友，那么，我也很爽快，你这笔款子作为三年定期存款，到时候你来取，本利一共一万五。你看好不好？"

"这，这怎么不好？"罗尚德惊喜不已，满脸的过意不去，"不过，利息实在太多了。"

罗尚德非常感动，回到军营后讲述了自己在阜康钱庄的经历，使阜康钱庄的声誉一下子就在军营中传开了。

许多军营官兵把自己多年积蓄的薪饷甘愿"长期无息"地存入阜康钱庄。当时胡雪岩的钱庄是新开的，根本没有多少资金流通，可以说军营中官兵的这些存款成了阜康钱庄的"第一桶金"。

后来的事实也充分证明，胡雪岩的做人的确是仁义尽至，讲信用讲到了家。罗尚德在战场上战死前，委托两名同乡将自己在阜康的存款提出，转至老家的亲戚家。罗尚德的两位同乡没有任何凭据，就来到阜康钱庄办理这笔存款的转移手续，阜康钱庄在证实了他们确是罗尚德的同乡后，没费半点儿周折，就为他们办了手续。就是从这一点上，我们就能看到胡雪岩仗义而守信用的人品。

民间有一句"善始善终"的老话，讲得无非都是做人贵在坚持到底的道理。同样的道理，对于生意人来说，一时一事讲信用并不难，难的是始终如一地讲信用，特别是在自己处于困境的情况下，就更是考验一个人是否讲信用的关口。

胡雪岩做人讲信用，可以说是始终如一。因此他的生意越做越大，越做越强，逐渐积累了万贯家财，在晚清商界颇有影响。

诚信是商人步入市场的通行证。一诺千金，信用至上。诚信是立足的根本，以诚相待取信于人。信用比金钱更重要，只有守信用，生意才能做长久。

在生活和事业中，当以诚信表率示人

火车跑得快，全靠车头带；企业要诚信，领导做表率。很多企业都是因为没能建立起领导者和员工之间互相信任和依赖的关系，从而在建立企业文化的工作上才屡屡失败。如果一个企业的领导丧失了员工的信任感，那么这个企业无论花多少精力财力来塑造企业文化，恐怕都会流于形式。

在这方面，"曹操割发代首"的故事给我们很大的启发。曹操堪称一代枭雄，他统领军队以诚信表率示人的故事留下了美名。

公元199年，曹操准备和袁绍在官渡（今河南中牟县东北）进行战略决战。战前，曹操精辟地分析了双方形势后，认为"我虽不及袁绍兵多地广，但我军号令严明，故能以少击众"。夺取决战的胜利，必须进一步整肃军纪，于是命令"全军将士，上至统帅，下至马夫，行军训练，不准践踏庄稼，不准打骂百姓，不准调戏女子，不准倒犯民利，违令者斩首"。从此，部队行军训练十分谨慎，遇有麦场，骑兵下马，扶麦而行。百姓见状，交口称赞。

说来也巧，一次曹操出巡，偏偏他乘坐的战马在途中受惊，跃入麦田，践踏一片麦苗。曹操忙从马上滚下，立即下跪，请求掌管军法的主簿按军令斩首示众。

主簿觉得统帅乘骑踩了麦苗，是因为马突然受惊不是故意践踏庄稼，不能以斩首论处，便对曹操说："按照《春秋》大义，法不加尊。您身为全军统帅，虽犯军令，亦不能斩首。"曹操听后气愤地说："什么《春秋》大义？我身为统帅，自己制定法令，自己违法而不受惩罚，那怎能统驭部众？"

主簿又解释道："统帅违令，非同小人，可以免刑。"曹操见主簿不敢军法从事，便自拔佩剑，意欲当众自刎。众将惊慌不已，还是主簿手疾眼快，一把夺下曹操手中的宝剑。诸将纷纷跪下求道："曹公，您身为全军之首，宏图未展，壮志未酬，怎能轻生？若将你斩首，全军将士何人统帅？当今天下何人统一？"

曹操听了众将劝慰，深深地叹了一口气，恳切地说："我虽不能斩首，但一定要加刑。"说着，他又夺回利剑，将自己的头发割下一大把，掷在地上，以代斩首，接着又下令传谕三军："统帅战马践踏麦苗，本当斩首，众将不允，遂割发代首，务望全军将士严守军法。"

全军将士得知此事，十分佩服曹操严于律己的精神，自觉遵守纪律。不久，曹操统率的这支训练严格，军纪严明的两万精兵，一举击败袁绍十万众兵，取得官渡决战的胜利。

现在的人觉得剪头发是件很正常的事。可是，在当时的人看来，"身体发肤受之父母"，头发是从父母那里继承来的，随便割掉头发是大逆不道的事情，是不孝的表现。因此，人们都认为，曹操当众割头发和砍头意义同样重大，的确做到了以诚信表率示人。

领导者应当明白，建立威信最有效的方式就是以自己的诚信获取下属员工的诚信。领导者只有做到了自己诚信，才能够称得上以诚信表率示人。对于诚信，说并不重要，重要的是做。特别是领导者的一言一行，对于员工有着非常强烈的示范效应和导向作用，所以领导者要言行一致，表里如一，争做员工诚信的表率。

对于领导者来讲，诚信不仅仅是一般意义上的不说假话，不报假账，不闯红灯这些必须的义务，也不仅仅是没有违反诚信的公约和规定。而是除了客观的义务，还应该在主观上做得更好。比如领导者是不是兑现了对下属员工的承诺？再比如承诺的任务和目标是不是完成了。这些都是对领导者更高一个层次上的诚信要求。

诚信是做人的基本品行，也是领导者必须具备的条件。只有诚信的领导者，才能带出诚信的员工，才能创造出企业的诚信品牌。

留人先留心，对下属要诚心相待

对待下属，作为领导要以诚相待，就是要开诚布公，将情况向下属介绍清楚，诚恳地表达自己合作的愿望，不打小算盘，不搞使别人对自己感到可信、可亲，可以长期建立合作共事的良好关系，这是与下级协调一致很重要的基础。以诚相待，就要能替别人着想，与下级交往，要想一想怎样帮助下属解决困难，是否了解下属的成绩和苦衷，是否调动了下属的积极性等。千万不能只想自己，不顾别人，那样是很难得到别人支持的，即使得到了，往往也不过是"一次性处理"而已。

美国著名成功学家戴尔·卡耐基在他的《关爱人》一书中写道："一个能够从细微处体谅和善待他人的人，一定是一个与人为善的人，必定有很好的人缘关系，这种人缘关系就是他成功的基石。"李嘉诚这样说过："人才取之不尽，用之不竭。你对人好，人家对你好是很自然的，世界上任何人也都可以成为你的核心人物。"李嘉诚叱咤商场几十年，经久不衰，与其对人才常怀仁爱之心不无关系。

在企业创办不久，为了降低成本，改善经营状况，李嘉诚的企业被迫大量裁员。在企业遇到困难的时候，裁员是很正常的事。但是，李嘉诚却认为，员工失去工作就意味着没有了生活来源。从艰辛中走过来的李嘉诚对此体会尤深。李嘉诚坦诚地承认，自己经营上的失误导致了裁员。他在向被辞退员工及家属表示歉意的同时承诺，只要经营出现转机，愿意回来的员工，仍然能在公司找到他们的职位。李嘉诚有诺必践，相继返回的员工都能用比以前更加努力的姿态从事本职工作。

在亚洲金融风暴波及中国香港的时候，长江实业公司员工的公积金因外放投资受到不少损失。按理，遭遇这样的天灾大家只好自认倒霉。可李嘉诚却动用个人资金将员工的损失如数补上。宁可自己受损，绝不让员工吃半点亏的，这样的企业老板理当深得人心、深受员工的拥戴。常言道，以诚感人者，人亦以诚应之。李嘉诚用个人的损失，换取了比金钱更重要的东西，那就是员工的尊敬、忠诚和感恩。

李嘉诚经常说："不是老板养活员工，而是员工养活了整个公司，公司应该多谢他们才对。"李嘉诚对跟随他多年的有功于长江实业的"旧臣老相"，始终怀有感激、善待、报答之心，以恩、以德相报，真情切切，感人至深。

盛颂声是辅助李嘉诚从创业到公司发达的劳苦功高的元勋之一。几十年来，盛颂声兢兢业业、任劳任怨地为长江实业的发展壮大贡献出自己的聪明才智，李嘉诚除了提拔他任长江实业的董事副总经理外，还委以负责长江实业公司地产业的重任。当盛颂声举家移民加拿大离开长江实业时，李嘉诚专门举办了盛大的酒会为他饯行，令盛颂声十分感动。

李嘉诚在处理公司高管人员离职时，还给他们以低价购入长江实业股票的机会，让下属分享公司的利益，使得公司拥有极强的凝聚力和向心力。和记黄埔原董事行政总裁马世民离职时，用 8.19 港元 / 股的价格购入的一百六十多万股长实股票，当日就按 23.84 港元／股的市价出手，净赚两千五百多万港元。据香港税务局公布的 1999—2000 年度的前 10 名"打工皇帝"所交纳的薪俸税金额来推算，前 10 名的"打工皇帝"中，出自李嘉诚旗下企业的就占了 4 位，其中和记黄埔董事总经理、香港电灯副主席、长江基建副主席、长江实业执行董事霍建宁更是名列"打工皇帝"榜首。李嘉诚给长实高层经理人士的高薪俸禄，既是"人有所值"的体现，又是"厚待人才"的结果。李嘉诚说过："长江实业能扩展到今天的规模，要归功于属下同仁的鼎力合作和支持。"熟谙中国传统文化的李嘉诚是真正能够理解"一个篱笆三个桩，一个好汉三个帮"的道理的。李嘉诚创建巨大商业帝国的过程，充分证明了这样的用人准则。李氏企业集团低于百分之一的人员流失率，就是其企业极强凝聚力的最好证明。

在商界，许多领导都深刻地体会到这样一个道理：做人的工作必须真诚相待、实心实意，领导者只有实实在在、表情和悦、将心比心、以心换心、换位思考，才会收到良好的效果。首先要尊重员工，只有尊重员工，员工才会尊重你，尊重员工最主要的就是要"诚"。同时，领导者还要虚心听取员工的建议和批评，营造一个让职工心情愉快、畅所欲言的环境，在企业架起感情桥梁，使员工自愿倾吐思想深处的东西，从而抓准思想脉搏，有针对性地进行双向交流，增强思想的感染力和凝聚力。

对于领导者来讲，要想留住人才，必须给予人才应有的尊重，待人以诚。领导者应虚怀若谷，平等待才，坦诚相处，充分尊重人才的个性人格，这样人才就会"士为知己者用"，尽显其才。

宁可赔钱，也要讲究诚信

有一个年轻人在大学毕业之后，和几个同学开办了一家电脑耗材公司。经过两年多的打拼，他成为一个拥有八十余万元资产的小老板。

可是天有不测风云，就在他事业蒸蒸日上的时候，一个皮包公司利用一份假合同骗走他们公司很大一笔钱。由于资金周转困难，他们的公司在坚持了不到半年后，便被迫宣布破产了。

当他和那几个合伙人商量今后的出路时，纷纷表示要到外地发展，离开这个让他们伤心的地方。但是，他却选择留下来，为此他要承担公司 30 万元的债务。

尽管在这个艰难时刻，那些债权人并没有找上门来逼债。但是几天后，十几位债权人都惊讶地接到他打来的电话。他诚恳地表示，在半月之内，会把所有的债务偿清。

然后，他毅然决定将自己一处位于黄金地段且极具升值潜力的房产低价卖了出去。果然，在不到半个月的时间里，他用卖房产的 35 万元偿清了 30

万元的债务。

他一言九鼎的行动，深深打动了那些债权人，他们都把他视为真诚可交的朋友。在那一段阴郁的日子里，他几乎每天都能接到那些朋友给他打来的电话，有的找他吃饭散心，也有的给他介绍一些生意朋友，并为他以后的创业出谋划策。

第二年，国内一家有名的企业管理软件公司的一位主管人，听到他卖房还债的事情后，非常感动。之后，那位主管人主动找到他，要求他代理自己的产品，但前提是需要 60 万元的启动资金。而在当时，他全部财产加起来还不到 8 万元。

当他的那些朋友得知此消息之后，在不到 2 天的时间里，竟凑齐了 70 万元，支援给他。很快，他的网络科技有限公司成立了。

他坚守诚信经营的宗旨，决不允许下属从客户手中赚取一分昧心钱。因此，他们公司赢得了众多客户的信任，生意日渐红火起来。在以后不到一年的时间里，他还清了借来的启动资金。

而后，又经过半年多的搏击，他们公司已经拥有了二百余万元的资产，成为业内一家效益良好的小型企业。

诚信，是一种无形的财富。在某些时候，诚信显得比金钱更加珍贵，宁可赔钱，也要讲究诚信，这是作为一个成功商人的基本品质。

1993 年，一位从广东来的商人在北京中关村与人合租一个小门店，那时，他们的资金只有 3000 元，在这种环境下，他做起了自己的 IT 生意。

第一笔生意居然是一个 20 万元的单子。一个河北人来北京购买电脑，听到广东商人的报价，河北人简直不敢相信自己的耳朵，因为价格低得难以想象。

签完单子，广东商人才发现自己把价格报错了，假如继续做这笔买卖，他将赔一万多元。这时候，他犹豫了，面前有三条路：第一条是守信誉，做一个诚信的人，继续把生意做完。第二条是和对方讲明原因，让他把差价补上。第三条是把这笔单子推出去，就说不做了。

经过几天的思考，他再三权衡，做出一个重要的选择：走第一条路。

塞翁失马，焉知非福。河北人知道后，颇受感动，又把一百万元的合同给了他。此时，中关村电脑配件的价格，和小孩子的脸一样变得快，已经狂降下来。可想而知，广东商人用自己的诚信赢得的，岂止是几十万元。以后，他用这笔资金打开市场，终于成了 IT 业的精英人物。

后来有人开玩笑地问他，淘到第一桶金赚了多少钱？他说："我没有赚，而是赔了一万多元。但是，我淘到一桶成色十足的金子，那就是诚信。"

在市场经济社会做生意，大家心里都清楚诚信是第一位的，你可以暂时没什么钱，甚至在生意时赔钱折本，但不能没有诚信。那么，在古代农业社会，做买卖需要诚信吗？回答是肯定的。

陶四翁，是南宋杭州钱塘人，他以开染坊为生，为人忠厚，诚实守信，其声誉在镇上有口皆碑。

一天，有人来推销染布用的原料紫草，陶四翁并不怀疑，就用四百万钱通通买下了那些紫草。不久，一个买布的商人来店里进货，看见了这些紫草，便告诉陶四翁说这些都是假的。

陶四翁大吃一惊，还有些不相信。商人教了陶四翁一些检查紫草的方法，陶四翁照商人说的一试，果然都是假紫草。这时商人说没关系，这事包给我了，假紫草仍然可以用来染布，价钱便宜点拿到市场上去卖掉就行了。第二天，商人再来进货时，陶四翁却没有摆出一匹染布，他还当着商人的面把那些假紫草全都烧了。这对当时并不富有的陶四翁来说真的是十分难能可贵。

　　陶四翁宁可自己受损失也不去坑害别人，用高尚的品质言传身教。他的子孙们也像他一样诚信不欺，最后都成了大富商。

　　经商亦同做人，以诚实为本，坚持质量第一，维护自己的信誉，不弄虚作假。先做人，后经商。以信用为上，取信于人，宁愿赔钱也不做玷污招牌的买卖。

第4章

赤心相待：金子般的承诺

诚信，立足职场的资本

诚信是一张金质名片，一个诚实守信的人，首先给人的印象是光明磊落，富有责任感和稳重感。同样的，一个讲究诚信的公司，也会给人良好的口碑和信誉，吸引各种人才的加盟。如今，就业竞争激烈，在每个求职者起点都差不多的情况下，诚信就成为最大的竞争武器。手握这张名片，无论于公于私都将无往而不利。你以诚待我，我以诚相应，一时的失信，十倍的努力都是无法补救的。

国外一家著名的企业需要招聘销售主管，前来应聘的人很多。经过几轮的筛选，到最后一轮时只剩下了三个应聘者。其中一个叫约翰·卡尔的幸运者忐忑不安地走进了最后的考场，还没有坐定，人事经理就一脸惊喜地跑过来抓住约翰·卡尔的手，并给了他一个深深的拥抱，"我可找到你了！"经理激动地说。然后，他转头对女秘书说："就是这个年轻人在公园湖里救了我的女儿，不留姓名就走了。真巧又碰到他了。"约翰·卡尔当时感到一脸迷惑，并感到了浑身发热，他仿佛看到幸运女神在向自己微笑。但他马上镇定了下来，对还在激动的经理说："不，先生，您认错人了。""认错了？不，不，我记得那个年轻人脸上也有这样一颗痣的。"约翰·卡尔此时更加坦然了，"您是认错了，先生，上周我根本就没有去过那个公园。"

两天后，约翰·卡尔去公司任职，他关心地问经理的秘书："经理女儿的救命恩人找到了吗？"秘书大笑起来说："什么救命恩人呀？经理根本就没有女儿。"

约翰·卡尔以自己的诚实赢得了他渴望的理想工作，可以想象，如果他以救命者的姿态出现，那他只能惨败出局。

在当前巨大的就业压力下，好多求职者找工作时先"保底"、后择优的做法比较普遍。这让很多用人单位面临求职者毁约和不诚信的苦恼。从调查结果看，有38.6%的单位曾遇到过求职者毁约。用人单位普遍反映，从参加招聘会接收简历，再到笔试、面试，用人单位为了招募到合适的员工要花费大量的人力、财力。求职者毁约造成的直接后果是用人单位必须重新开始新一轮招聘，招聘成本大大增加，使用人单位陷入被动的境地。一般求职者提出毁约的时候，招聘活动都已结束，原来候选名单上的求职位者，多半已经和其他单位签约，如果再从这些人中挑选人员来填补空缺，就可能造成新的毁约，形成就业市场上的恶性循环。

小于是已工作两年的教育培训老师，因为嫌原来的公司干活太累，想出去再换一个单位。由于他是研究生学历又有工作经验，他很快在天津某教委直属教学研究部门找到了工作，月薪2500元。小于很高兴地交了押金，签了聘约。

离下半年开学还有一段日子，小于到北京去玩，同时到几所大学询问了招收教师的情况。很凑巧，北京有一所著名大学需要小于这类专业的研究生，月薪可以拿到3500元，还有教师宿舍分配等。这对他极有诱惑力，权衡比较后，就动了毁约的心思。第二天，小于跟天津那家教学研究部门打了个电话，说愿意交违约金毁约，那边也没有什么意见。小于说，他当时想，天津那个单位也是很多求职者的热门，他们不会太在乎。

可是当小于兴冲冲地到北京这所大学签约，人事处处长看了他的求职信后，立即将其个人资料输入人事管理档案，随后那位处长却对小于说不能录用他了。小于问原因，原来人事处处长通过了解得知，小于与天津那家单位才签了两天就毁约，他们不欢迎为了待遇就随意毁约的人。

小于很是后悔，但是能怪谁呢？只能怪自己太看重经济利益，随便毁约，忘了做人的本分，忽视了做人的诚信，其结果只会自找苦吃。

现在众多求职者把先签一个工作"保底"视为当务之急，却又在不停地挑选着自己最佳的归宿。尽管也有用人单位对此表示理解，但多数用人单位认为，毁约是一种非常不诚信的行为，求职者通过毁约尽管能获得一份看上去不错的工作，但却影响到今后的职场生涯的诚信度。

曾有媒体报道，深圳一家知名公司发生了一起持假文凭者卷款逃跑的事件，在深圳市企业间广为流传，令很多企业心有余悸。于是，凡招聘到新人，都要将所招聘对象的文凭拿到验证中心去验一下。对于有的老员工，本来企业已经很了解，但在要提拔重用的时候，似乎觉得又不了解他了，生怕日后出了问题，因此也要将他的文凭拿去验明正身。

虽说疑人不用，用人不疑，企业的如此做法给人杯弓蛇影的感觉，但这不正是有些人的欺瞒作假行为所导致的吗？信任是双向的东西，互相以诚相待，自然皆大欢喜；但凡发现一方心存欺骗，另一方便会以十倍的警觉来防范，这样各自如履薄冰的合作，想必是不会长久的吧。

假文凭的"杀伤力"有这么大，其他形式的欺骗又何尝不是如此呢？有的求职者为了得到一个梦寐以求的职位，给自己编造出种种本领，伪造各种证书，或者夸大自己的能力。比如对于某个项目，明明只是参与其中做了点零活儿，写到简历上自己却成了"主持"。这样，也许能够一时蒙骗过关，而当时间一长，开始接受考验的时候，也只能是原形毕露，弄不好还要丑态百出。如果用人单位不去追究，直接炒鱿鱼也就罢了，如果碰上一个一本正经的公司，还要在劳动手册上添上一笔，那可真是得不偿失了，不过，这种下场也是咎由自取，没有人会同情。所以也难怪，现如今稍微讲究一些的企业在招聘人才时都是层层把关严格考察了。

君子坦荡荡。既然踏入职场，就说明已经是一个成熟自立的人，应该对自己的一切负责。以诚信立足，凭真本事吃饭，应当是每个职业人心里的一杆秤。

在竞争激烈的职场中，诚信已经远远超出了道德的范畴，成了在职场立足的根本。作为一个职场新人来说，保持诚信的美德比什么都可贵。

员工与公司都需要诚信

美国著名的百万富翁、慈善家安德鲁·卡耐基曾经说过：世界上很少有伟大的企业，如果有，那就一定是建立在最严格的诚信标准之上的。而企业的诚信正是建立在员工绝对诚信的基础之上。美国公共关系协会曾经推荐过一个名为"35 次紧急电话"的案例，它成为世界性公共关系的经典案例：

那是在日本东京奥达克余百货公司的一天下午，售货员彬彬有礼地接待了一位来买唱机的女顾客。售货员为她挑了一台未启封的索尼牌唱机。事后，售货员清理商品时发现，原来是错将一个空心唱机货样卖给了那位美国女顾客。于是，立即向公司警卫作了报告。警卫四处寻找那位女顾客，但不见其踪影。经理接到报告后，觉得事关顾客利益和公司信誉，非同小可，马上召集有关人员研究。当时只知道那位女顾客叫基泰丝，是一位美国记者，还有她留下的一张"美国快递公司"的名片，据此仅有的线索，奥达克余公司公关部连夜开始了一连串接近于大海捞针的寻找。一连打了 32 个紧急电话，向东京各大宾馆查询，毫无结果。后来又打了国际长途，向纽约的"美国快递公司"总部查询，深夜接到回话，得知基泰丝父母在美国的电话号码。

接着，又给美国挂国际长途，找到了基泰丝的父母，进而打听到基泰丝在东京的住址和电话号码。几个人忙了一夜，总共打了35个紧急电话。

第二天一早，奥达克余公司给基泰丝打了道歉电话。几十分钟后，奥达克余公司的副经理和提着大皮箱的公关人员，乘着一辆小轿车赶到基泰丝的住处。两人进了客厅，见到基泰丝就深深鞠躬，表示歉意。除了送来一台新的合格的索尼唱机外，又加送著名唱片一张，蛋糕一盒和毛巾一套。接着副经理打开记事簿，宣读了怎样通宵达旦查询基泰丝住址及电话号码，及时纠正这一失误的全部记录。

这时，基泰丝深受感动，她坦率地陈述了买这台唱机，是准备作为见面礼，送给东京婆家的。回到住所后，她打开唱机试用时发现，唱机没有装机心，根本不能用。当时，她火冒三丈，觉得自己上当受骗了，立即写了一篇题为《笑脸背后的真面目》的批评稿，并准备第二天一早就到奥达克余公司兴师问罪。没想到，奥达克余公司纠正失误如同救火，为了一台唱机，花费了这么多的精力。这些做法，使基泰丝深为敬佩，她撕掉了批评稿，重写了一篇题为《35次紧急电话》的表扬稿。

《35次紧急电话》的表扬稿见报后，反响强烈，奥达克余公司因一心为顾客而声名鹊起，门庭若市。奥达克余公司将一桩坏事变成了好事，不仅挽回了公司的信誉，而且还提高了公司的知名度和美誉度。后来，这个故事被美国公共关系协会推荐为世界性公共关系的典范案例。

千里马也有失蹄之时，由于企业在极其复杂的现实环境中运行，因此，很难对运行中可能发生的各种情况做出完全准确的预见。这样，难免会有失误的地方，并自然而然会使组织形象受到不同程度的损害。问题在于，事情一旦发生，应当如何对待？奥达克余的做法是值得企业学习的，他们对待自身的失误，树立了正确的态度：亡羊补牢，向公众表明解决问题的诚意，求得公众的谅解和合作，使失误对组织形象产生的损坏减少到最低限度，并由被动变为主动。

奥达克余公司用 35 个紧急电话成功地避免了公司可能出现的公共关系危机，并且赢得了美名。试想一想，如果奥达克余公司的那位售货员不讲职业道德，当时不把这事情向上级汇报；如果企业的经理在得到消息后不把企业的诚信放在第一位，没有严格执行企业的承诺，那么这整个故事又将会是什么样的结局呢？其实答案是明显的，奥达克余公司肯定会名誉扫地。

企业员工的诚信给企业带来了名誉和效益，反之则会给企业带来不必要的损失和名誉的损坏。德国某在华赫赫有名企业的采购部员工一夜之间集体离职让公司束手无策，生产受到严重影响；浙江某厨具制造集团一位大学毕业不久的外销员故意将发往欧盟的十多个集装箱发往美国让公司的经济遭受巨大损失和名誉的损坏；至于通过很多程序才进入公司仅工作几天的新员工带着公司重要资料不辞而别的现象更是屡见不鲜……因此，作为一名企业的员工，对企业的忠诚和诚信是很重要的，做事先做人，这是起码的道德标准。同时，企业也要对员工讲究诚信。我们很多企业一谈到诚信，只讲员工对公司的忠诚，企业根本不反省自己对员工对其他合作伙伴是否诚信，是否有忠诚度。其实诚信是一种平等的互利双赢模式。员工对企业的忠诚度是员工应尽的义务，而企业言而有信、坦诚对待员工也是责无旁贷的。这就需要打造一种诚信的企业文化，把忠诚度或诚信当成企业、员工个人的立身之本，从日常的一言一行做起，充分体现诚信的文化内涵。

没有员工的诚信就没有企业的诚信，无论企业将其产品或服务诚信口号喊得多么响亮，没有愿意执行这些口号的员工，再多的口号都是空话，而这也将损毁企业的长远利益。

钱财是有数的，但是诚信是无价的

用金钱来考察属下的诚信，是肯德基老板们常用的手法之一。肯德基老板要从下属的 4 名员工中提拔 1 名总经理助理，但 4 人的工作能力、业绩不相上下，不得已老板使出了"撒手锏"：在发工资时故意每人多发 1000 元。其余 3 人也许没有留意，也许由于其他原因没有将多出的钱上缴；只有一位经过激烈的思想斗争后，将多出的钱退回。

结果这名退钱者荣幸地坐上了总经理助理的交椅。肯德基快餐店的巡视员在考察分店员工的素质时，也会扮作食客，故意遗留钱包，来考验员工的品质。

在职场，金钱永远是一个敏感的雷区。要牢记"不义之财不能要"这句至理名言，千万不要在金钱这方面跌跤。正如人们常说的：钱财有数，诚信无价。

也许你认为这些都是钱财惹的祸，钱财才是让人变得不诚信的根本，钱财才是所有事端的万恶之源。其实钱财，并不是万恶之源；过分地、自私地、贪婪地爱钱，才是真正的万恶之源。努力赚钱的前提是获得金钱的手段要光明，不可贪小便宜毁了自己的诚信。

做老板的都知道，对待金钱的态度直接地影响着一个人的心境，而一个人的心境直接会影响它的工作。所以，作为一名员工在涉及公司钱财利益方面，是自己的就是自己的，不是自己的千万别去想方设法为己所有，金钱是有价的，做人的诚信才是无价的。

但是，有些员工在金钱的诱惑下，忘掉了自己的职业操守。在市场经济体制还不够成熟的条件下，坑蒙拐骗可能可以获得一时的暴利，但伴随着暴利的是失去纯洁的上进心，失去其他人的信任，更甚至于面临法律的制裁。随着市场经济体制的完善、社会信用体系的健全，一个人如果为追求金钱，不惜以身试法，只会毁掉自己的一生。求仁得仁，求"钱"却未必能得的"钱"。一心为钱，难免利欲熏心，禁不住诱惑而犯错。事实上，坚持职业操守，勤奋工作，做好每件该做的事，理想的收入定会随之而来。

作为一名企业的员工讲诚信，最重要的是忠于事业，忠于企业，爱岗敬业，恪尽职守。古人讲"君子修身，莫善于诚信"，这是古人对诚信的认识。"真诚换真心，诚信变真金"，这是现代人对诚信的理解。诚信是做人最基本的道德底线。现代社会，信誉被视为最昂贵的资本，为了一点蝇头小利而拿自己的信誉作赌注，是不明智的、更是得不偿失的。因此我们讲诚信，就要坚持既立足当前，又着眼于长远，自觉摆正心态，真实坦诚地待人，诚恳率直地处世，只有这样才是做人做事最明智的选择。下面让我们一起来看一个故事。

在繁华的纽约，曾经发生了这样一件震撼人心的事情。

星期五的傍晚，一个贫穷的年轻艺人仍然像往常一样站在地铁站门口，专心致志地拉着他的小提琴。琴声优美动听，虽然人们都急急忙忙地赶着回家过周末，还是有很多人情不自禁地放慢了脚步，时不时地会有一些人在年轻艺人跟前的礼帽里放一些钱。

第二天黄昏，年轻的艺人又像往常一样准时来到地铁门口，把他的礼帽摘下来很优雅地放在地上。和以往不同的是，他还从包里拿出一张大纸，然后很认真地铺在地上，四周还用自备的小石块压上。做完这一切以后，他调试好小提琴，又开始了演奏，声音似乎比以前更动听更悠扬。

不久，年轻的小提琴手周围站满了人，人们都被铺在地上的那张大纸上的字吸引了，有的人还踮起脚尖看。上面写着："昨天傍晚，有一位叫乔治·桑的先生错将一份很重要的东西放在我的礼帽里，请您速来认领。"

人们看了之后议论纷纷，都想知道是一份什么样的东西，有的人甚至还等在一边想看个究竟。过了半小时左右，一位中年男人急急忙忙地跑过来，拨开人群就冲到小提琴手面前，抓住他的肩膀语无伦次地说："啊！是您呀，您真的来了，我就知道您是个诚实的人，您一定会来的。"

年轻的小提琴手冷静地问："您是乔治·桑先生吗？"那人连忙点头。小提琴手又问："您遗落了什么东西吗？"

那个先生说："彩票，彩票。"

小提琴手于是就从怀里掏出一张彩票，上面还醒目地写着乔治·桑，小提琴手举着彩票问："是这个吗？"

乔治·桑迅速地点点头，抢过彩票吻了一下，然后又抱着小提琴手在地上疯狂地转了两圈。

原来事情是这样的，乔治·桑是一家公司的小职员，他前些日子买了一张一家银行发行的彩票，昨天上午开奖，他中了50万美元的奖金。昨天下班，他心情很好，觉得音乐也特别美妙，于是就从钱包里掏出50美元，放在了礼帽里，可是不小心把彩票也扔了进去。小提琴手是一名艺术学院的学生，本来打算去维也纳进修，已经定好了机票，时间就在今天上午，可是他昨天整理东西时发现了这张价值 50 万美元的彩票，想到失主会来找，于是今天就退掉了机票，又准时来到这里。

后来，有人问小提琴手："你当时那么需要一笔学费，为了赚够这笔学费，你不得不每天到地铁站拉提琴。那你为什么不把那 50 万元的彩票留下呢？"

小提琴手说："虽然我没钱，但我活得很快乐；假如我没了诚信，我一天也不会快乐。"

看了上面的故事，你肯定认为诚信绝对不可以用金钱来衡量，诚信是无价的。不讲诚信，也许能给你带来眼前的"小利"，而失去的却是"大节"，既而失去"大利"，而拥有诚信，也许会失去一时的利益，但是却赢得别人终身对你的信任。

诚信是每个人的"通灵宝玉"，须臾不可淡漠，更不可丢弃。诚信"金不换"，方可换得金，赚得银。深谙此理，正与财富无缘？

"诚信报告"，是求职的敲门砖

有这样一则求职故事：某企业老总拟招聘一名保安部部长，当时来应聘的四十多人中有警察学校的毕业生、有退伍军人、有大学毕业生，还有极个别的待业青年。最后入选的却是一位仅有高中文凭且貌不出众的待业青年。

有人问何故，老总说："我喜欢他老实、诚实。"

原来，该企业老总在察看求职材料时，发现有的附带着假学历，有的过于夸大自己的实力等，唯独那个仅有高中学历青年的材料写得真实，没有掺假。

约见交谈之后，这位朴实憨厚的求职者给老总留下了良好的印象。事后经过明察暗访，证实了他的人品不错才聘用的。

任何时候，诚信都可以使你赢得他人的信任。试想，有哪个老板愿意自己的部属不诚实？有哪个老板会对没有诚信的人信赖？

在人才招聘市场外的复印店里，你经常会发现这样的现象：不少求职者将自己的"毕业证书"、"自荐表"、借用的"获奖证书"，经过一番加工，依靠复印机的神奇功效，迅速"拷贝"出产一个个优良、全新的"自我"证明。

这种状况让求才的企业分外头疼。谁来鉴定人才的诚信？上海市率先为求职者建立诚信档案，为用人企业开具诚信报告，以此来逐渐规范人才市场的诚信行为，首开先河。如果求职者不讲诚信，很有可能因为"诚信档案"和"诚信报告"中的"劣迹"而找不到工作。

据某人才服务中心人才业绩档案部负责人介绍，他们已接受了多家用人单位的委托，对三百多位拟录用的人员进行诚信调查，结果竟有 30% 左右的被调查者提供的简历材料有出入。在对这些人才进行诚信调查时，应聘者诚信不够的表现多种多样，如夸大自己的工作能力和业绩，私造假学历、假文凭、假职称、假证书，从不说自己的过错和不光彩经历等。当公证的诚信报告提交到用人单位时，应聘者的求职愿望也就此破灭。

有一个外企应聘者在求职信中写到自己的兴趣爱好时，写了喜欢旅游和攀岩，其实此人很少外出，对攀岩更是一无所知，但为了以具有冒险精神及前卫形象吸引招聘者，故意加了这两条。后来在面试中，主考官谈到自己也是个攀岩爱好者，但对攀岩中的一些应急技巧却不甚了解，想与该应聘者切磋。应聘者立即面红耳赤，手足无措，不得不承认自己说了谎。主试者非常生气，立即拒绝录用他。

随着人才流动的加剧，人才职业道德的缺失已为企业带来越来越多的问题——员工离职时不辞而别，或是拉走一帮骨干人才，或是带走企业的商业机密，或是卷走公司财物，或是留下一堆烂账……此类现象让国内企业，尤其是民营企业相当头痛。而像借公司的钱不还、违规操作给企业带来损失等问题更是屡见不鲜。

诚信即诚实信用，是言行和内心思想一致，不虚假、讲信誉。在职场上受到青睐的是那些既有真才实学，又有良好职业信用的人，而职业信用的重要意义丝毫不亚于商业信用。

有一个故事，讲的是一个留学生在德国乘地铁，发现护栏很矮，就自以为聪明地跃栏逃票。但当他找工作时，麻烦来了——很多用人企业在查到这个不良诚信数据后说，你连地铁票都逃，谁敢录用你？让那些职场不诚信的求职者多向那些取得成功的企业家学习学习。松下幸之助当年因为着装太差，屡次应聘都被淘汰，但松下没有乔装打扮，而是一次又一次地再应聘，最后以诚心感动了主考官，这种诚信和执着的精神才是最值得学习和效仿的。

对于企业来说，其实更欢迎诚实的求职者，中国台湾"半导体之父"——台积电董事长张忠谋曾说过，诚实是一个人最重要的特质，如果让他选择求职者，他一定选择有诚信的人。

因为个性诚实、耿直且积极努力的人，工作绩效自然出色。著名的英特尔公司更是明确地把"掺水"的简历看成招聘中的大忌。凡是在简历上弄虚作假者，在英特尔的主考官面前均不能过关。因为这些负责招聘的主考官们，都是部门经理，有丰富的工作经验，伪造的东西很容易被他们看出来，如果发现应聘者弄假，不管他有怎样的能力和资格，都会被淘汰。

因此，面对激烈的市场竞争，求职者应当切记，诚实守信永远是第一位的，它是一个人的第一美德。千万不要玩弄所谓的"把戏"，忘掉诚信这个根本。

诚信是求职者思想道德的根本。诚信是一种优良品质，是社会要求人们遵守的一种行为规范，它带有某种程度的强制性。如果求职者们在这方面有欠缺的话，希望能加强积累。毕竟诚信社会是未来社会的发展方向，信用制度的建立是大势所趋。

你不诚实，企业不会要你

日本松下电器公司的创始人，是一位传奇式的人物。他的学历并不高，从一个 3 人的小作坊起步，经历了半个世纪的奋斗历程，使松下电器发展成为拥有职工 2.5 万人，年销售额超过 300 亿美元的电器制造商。他自己则认为除了运气好之外，还有一个原因就是他是个弱者，从小既非生在富贵之家，也没受过高等教育，正因为这样，他经历了人世的酸甜苦辣，在摸索和实践中产生了自己的主见和独特的管理思想。他有很多企业管理思想为现代的企业家所推崇和应用，松下先生有"经营之神"的美誉。

松下幸之助有一句名言："制造产品之前先制造人。"那么松下是如何制造人的呢？"你不诚实，我不要你！"这是松下公司在招聘过程中一贯坚持的原则。松下认为，诚实的态度是取得他人信任和理解的首要前提。

据松下电器（中国）有限公司的人事部负责人说，他见过成千上万的求职者，聊几句话就能判断出一个人的诚实程度，而诚实在松下公司看来是除了学历以外最重要的条件。

在招聘人员的时候，他一般都会这样问求职者："你进公司后，要从基层工作开始一直做 3 年，你能接受吗？"

这时，许多求职者会毫不犹豫地答："能。"但这样的员工松下是不会要的，因为这样的人大多没有抱负；有的求职者会这样说："我就是要从基层做起，再一步一步往上走。"这样的求职者松下还是不会要的，因为这是故意讨人喜欢的回答。松下公司只想要真实的回答，例如求职者对自己发展方向的预期等。真话也许不好听，甚至听了会让人不满意，但正是松下公司所需要的，因为这有利于对应聘者做出正确评价，这种评价也是录用员工与否的前提。

小徐是某所著名高校的一名毕业生，他品学兼优，英语六级，日语国际一级，在松下面试时谈到公司和他的家相距太远，主考官问他是否介意，那名毕业生毫不掩饰地回答："介意，非常介意，因为公司离家近一些毕竟是非常方便的事情。"

在说了这句话后，那名毕业生也果断地表示："但是我既然选择了这个公司，首先就要融入公司的环境。所以我会租房子住。"毕业生的这一番话赢得了主考官的赞许。他们认为小徐具有相当的独立精神和解决问题的能力，更重要的是他很诚实，也就是这些品质让主考官感到他很有前途。小徐应聘的是培训中心讲师的职位。通过进一步观察发现，这位毕业生颇具口才，说话还透着严密的条理性。最终，小徐在受到主考官的四次约见后，最终迈进了松下公司的大门。

松下幸之助曾说："一个人要达到道德上的圆满是非常艰难的。但是，它的修炼比才能、经验重要得多。当道德与才能、知识、经验产生冲突，需要做出选择时，松下公司一定会选择前者。""根据道德标准而顺其良心采取行动胜过绞尽脑汁的计谋。"正是基于这样的理念，松下幸之助强调：如果仅有知识而不懂得做人，那么，这个人的知识就很容易成为"恶智慧"。学历、知识好比商品上的标签，论才用人要看品质，不要只注重标签价码。

之所以如此注重员工诚实的品格，是因为松下曾说过：诺言所以能成为力量，就是因为守信用。他认为：信用能为企业带来顾客，为顾客带来信心；而信用的培养，必须以诚心诚意为顾客服务。诚恳的态度，是增加企业信用的条件。

松下深知建立信用很难。在从前，商店设立分号是件大事，担心伤害到商誉的人，绝不轻易设立分店。这种重视招牌的观念，还包括重视顾客的意见在内。重视顾客和重视招牌，两者是息息相关的。他就是这样以顾客为中心，以信用为中心，同时也以服务为中心。没有老招牌，而要新开一家商店，是很困难的。因为各个商店都是有互相联系的，要在其中新开一家，与人竞争，谈何容易？

但这并不是说，开新店是不可能的，新商店也不见得就卖不起好的东西。因此新商店也可以发展，要使新商店得到发展，就要有足以证明其信用的东西。也就是说，虽然是新开张的商店，但要一直很努力地追求品质，服务顾客，要有真正的表现才行。开新商店要争取信用，就得有这样的实质，要具有足以发展的条件，才会得到成功。

这种作为信用基础的"实质"，并非有意建立，就能够建立起来；必须以商人的诚实、对自己生意的重视，慢慢累积下来，才能得到信用，信誉才因而产生。

"诚信乃立身之本，无信则不立。"松下认为，作为精神、道德层面的东西，讲诚信，要靠自觉。要树立诚信的为人形象，关键在于个人的修身自律。所以松下在招人的时候，才会将诚信作为一贯坚持的原则。一个人只有具备了诚信的品质，才能使商品和企业人格化，从而征服人心。

"人格"是人性中最优秀的部分融合而成的内在品格，是人性中最完美、最高尚的，而且在评价人物方面最具权威性的因素。一种伟大的人格不是一件能穿的东西，打扮得整整齐齐也不能表现它，矫揉造作只会更加反映你的微小。它是一种只能发自内心的东西，反映在你的性格里。

招聘员工诚信是第一位的

　　（中国）公司招聘现场，公司拟招聘一名毕业生，结果报名人数达四十多个，其中绝大多数是研究生。结果一位本科学历的男生在面试时因诚实取得了这一职位。面试材料是事先交上去的，参加面试时，看过材料的一位主考官问："听说你在班上的成绩是全班第 4 名？"这位男生说："不对，我的成绩是全班第 14 名。"事实上是考官浏览材料时没有记准确，倒不是有意这样。由此，考官对该男生的诚实品格非常赞赏，便毫不犹豫地录取了他。

　　摩托罗拉（中国）公司在发出招聘信息后，报名人数很多，一位本科学历的女生从众多的应聘者中脱颖而出，取得成功。

　　成功的原因除了她本身较为优秀外，有一件事给主考官留下了深刻印象：几轮测试后进入复试的有三名学生，两名是男生，水平都不错。复试时，主考官问了大家一个同样的问题："如果你被录取，随后碰到待遇更高的单位，你会改变主意吗？"两名男生均表示不会。但女生回答道："我想出国，一直在做这方面的准备，我可能在贵单位只能供职一年。如果一年后我出国不成，有可能一直在贵单位干下去。"最后摩托罗拉（中国）公司录取了这名女生。公司领导非常信任地对她说："没有关系，希望你在一年内能帮我们策划成功几个案例。"最终，这位女生策划了几场大的活动并取得成功。一年后，她没有选择出国，而是选择在摩托罗拉（中国）公司继续干下去。最后她成了公司的业务骨干，并几次被单位派出国去考察、访问。

摩托罗拉招聘员工时最看重的素质是诚信。诚信、勤奋、有创新能力和创造性、有团队精神，是摩托罗拉最看重的品质。由于摩托罗拉属于高新技术产业，产品技术的更新换代速度非常快，竞争相当激烈。所以，人才的创新能力和创造力非常被看重，能否正确看待这一变化并适应这种变化，成为摩托罗拉衡量人才的重要标准之一。在重视综合素质的同时，摩托罗拉针对不同的职位和技能要求，设计了不同的考核标准和人才测评体系，这些手段足以保证公司招聘到所需的各类合格人才。

迄今为止，摩托罗拉（中国）电子有限公司有正式员工13000名，平均年龄为27岁，摩托罗拉公司对应聘员工的素质有着较高的要求。

因为摩托罗拉的基本宗旨是顾客完全满意，通过员工的卓越工作，赢得顾客的高度信任。这就要求员工本身就应该具有高度的责任心，诚信的为人品质。摩托罗拉本身所从事的高新技术产业，产品和技术的更新换代速度非常快，所以这些人必须是勤恳耐学，勇于开拓创新的人。另外对于应聘者的工作激情和学习能力也要进行考核，比如你对哪些工作环境和条件不感兴趣，什么情况下你会带着情绪工作，有没有以自学方式获得新知识并成功运用到实际工作中的例子等。

摩托罗拉筛选应聘者的最后一关，也是最重要的一节——对应聘者个人品行和职业道德的考核。

摩托罗拉注重员工的品行和职业道德，如果一个应聘者的品行不符合摩托罗拉的要求，就算他的专业背景再好，摩托罗拉也不会录用。虽然一个人的品行很难量化，比如你出差异地，在一家酒店商务中心，你恰好看到了一份来自竞争对手的传真资料，并且这份资料与你的工作有着密切联系，在无旁人的情况下，面对这份材料，你会怎么办？在类似这些问题的交流过程中，摩托罗拉可以从多角度来判断一个人的品行。

摩托罗拉首席执行官克里斯托夫·高尔文曾说过："时间会改变，我们的产品会改变，我们的员工会改变，我们的客户也会改变，但我们'对人保持不变的尊重，坚持高尚的操守'的基本理念不会改变。"

　　在这里，"坚持高尚的操守"有两层意思：一层意思是对于摩托罗拉的员工而言，要具备高尚的职业道德，讲究诚信，履行承诺；另一层是对于公司而言，摩托罗拉要遵从所在国家和社团的法律，在公司从事的所有业务中，保持最高程度的操守、道德——无论是对摩托罗拉的客户，供应商，员工，政府，还是社团，摩托罗拉都要保持诚信的态度。

　　一个人不诚实，造成的损失是个人的；但当他代表一个团队的时候，那损失是整个团队的。一个人因不守信而毁了自己的信誉，那毁的是他自己一个人；但当他代表一个团队的时候，就会因为他一个人的不诚实守信而毁了整个团队。

以员工的诚信作为防线

通用电气公司（GE），世界500强企业，连续多年被《财富》杂志评为"全球最受推崇的公司"和"全美最受推崇的公司"。在全世界一百多个国家开展业务，全球拥有员工近30万人。GE的成功与其科学的用人之道是分不开的。

GE对人才有三方面的要求：第一，具备某个职位要求的专业素质和专业标准。GE要考察求职者是否具备职位所需求的专业背景；第二，道德品质。主要是从GE的价值观来衡量——看求职者是否认同和具有"坚持诚信，渴望变革，注重业绩"的价值观；第三，个人发展潜力。GE是一个强调变革的企业，不会把招募的人放在一个位置上一辈子，而是不断地培养人才、发展人才。这就要求员工能够不断地挖掘潜力、提升自己。所以GE在招聘的时候，会把眼光放远，看人才是否具有足够的发展潜力。

GE是一家人性化十足的公司，由来自世界各地的人组成，人们希望在一个有诚信的环境里工作，人们希望同有诚信的人打交道。在GE的用人标准中，诚信永远都是首要的要求。应聘者无论是七步之才、八斗之才，还是学富五车，若他（她）没有诚信，一切皆茫然，肯定没门！GE 宁愿失去一名某种意义上的人才也不愿意在诚信上做丝毫妥协。

每个加入 GE 的新员工从第一天开始，就要遵守诚信。不论在中国，在印度，还是在美国，他们进入 GE 后的第一件事就是进行诚信的培训，每年都是如此。

经常有人这样问 GE 的前当家人韦尔奇："在 GE，您最担心什么？什么事会使您彻夜不眠？"这位在全球备受推崇的 CE 回答："诚信。"他明确告诫员工，诚信是 GE 全体员工一百多年来所创造的无价资产，如果违反了这两个字，公司将停滞不前。那么当员工不再诚信时，企业该怎么办呢？韦尔奇的回答是："立即解雇！"因为员工的价值观与企业的文化产生了根本的对立，这是任何一个追求卓越的企业都不能容忍的错误。因为我们知道，有良好行为的员工对于企业有不可忽视的作用，而员工的诚信更是被视为企业的生命线，是支撑企业发展的最基本的理念。失去了诚信，即使你的功劳再大，在你失去的诚信面前，它们也都无足轻重了。GE 的韦尔奇认为："只要违规一次，你就完了。"

因此 GE 在招聘新员工时，除了对人才的基本要求和对专业技能的软硬件要求（如团队合作能力、沟通能力、逻辑思维和分析能力、创造能力等）之外，诚信便是最重要的。在 GE，诚信是公司衡量员工的首要条件。

作为一家全球性的跨国公司，GE 在一百多个国家都有业务，员工的国籍也是各不相同的。为了能够规范公司的业务，经营活动以及员工的行为，GE 制定了一系列的员工行为准则，并在此基础上又制定了一整套诚信制度。在执行诚信政策时，GE 不仅要求自己的员工要严格遵守，还要求所有代表公司的第三方，如代理、销售代表、经销商等，都要承诺遵守 GE 的诚信政策。

接触 GE 的员工时你会发现，这里的员工每个人手中都有一本公司诚信政策手册。每到年末，公司便与员工签署"员工个人的诚信承诺"。这一诚信政策涵盖了与客户和供应商的关系、与政府部门的交往、全球性的竞争、公司社区和保护公司资产等内容。诚信政策中规定，员工只能通过合法和符合道德标准的方式来开展业务，不能为获取不当利益而向客户或供应商提供任何好处，违背诚信。如果被公司发现员工有这样的行为，那么对不起，请你走人！

《尚书·君陈》曰："明德惟馨。"意思是说真正能发出香气的是人的美德、诚信。《尚书·周官》曰："作德，心逸日休；作伪，心劳日拙。"没有任何人愿意与虚伪的骗子打交道。诚信，永远都是做人的根本。

诚信是一个员工最基本的职业道德，只有诚实、守信，才能够与人合作，为公司做贡献，被社会所接纳，从而为实现自己的追求和梦想提供有利的个人信用支持。

第 5 章

一诺千金：金子般的招牌

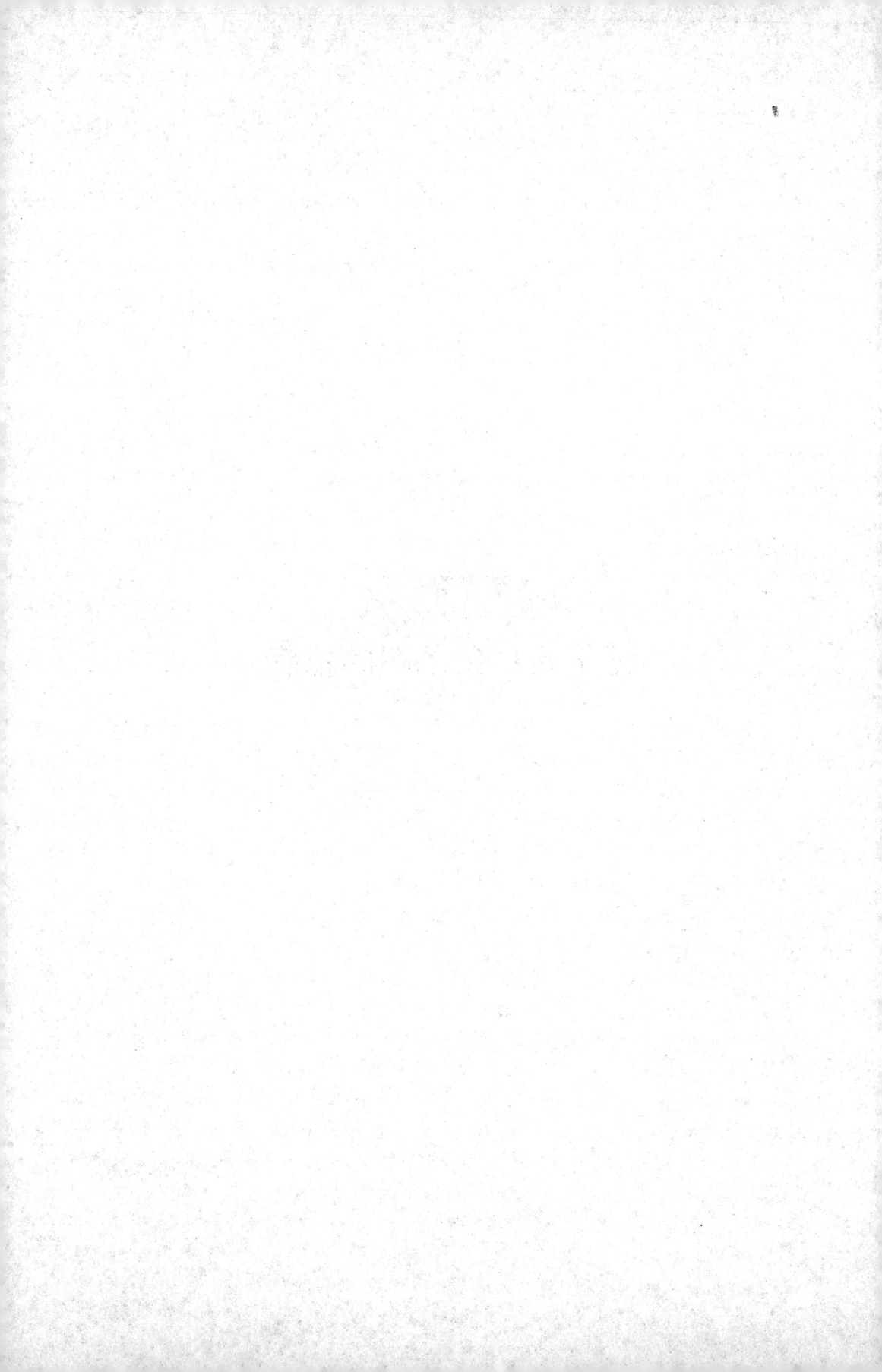

言必信，行必果

君子一言既出，驷马难追；言必信，行必果，这是做人的学问。

普鲁士陆军元帅布吕歇尔是一位诚实守信的将军。有一次，他率领大军在崎岖的山路上急急忙忙地行军，他必须尽快去援助威灵顿。战时一刻值千金，但此时士兵已经疲惫不堪，道路泥泞，部队实在难以快速前进。布吕歇尔不停地鼓励士兵们："快点，孩子们——向前，再快点。"

士兵们已经汗流浃背，已经不可能再快了。布吕歇尔还是不停地鼓励他们："孩子们！我们必须全速前进，我们必须准时到达目的地。我已经答应了我的兄弟部队，你知道吗？你们千万不可让我失信！"

在布吕歇尔的感召下，士兵们一鼓作气，终于准时到达了目的地。

大丈夫一诺千金。你无论对任何人做出任何一个许诺，都必须慎重地掂量，视它价值千金！无论对大人对小孩，对恋人对仆人，对妻子对父母，对同事对朋友，对上司对下属，对名人对凡人，对老师对同学，不论对什么人都应这样。也无论大的许诺小的许诺，眼前的许诺将来的许诺，无论什么样的许诺都应这样。无论你的许诺在什么时候做出的也都应这样去做。你的许诺价值千金。

罗克是一位小学校长，为了激励全校师生的读书热情，罗克曾公开宣称：如果全校师生在 10 月 8 日前读书达到 12 万页，他将在 8 日那天爬行上班。

全校师生都动员起来了，终于在 10 月 8 日前读完了 12 万页的书。有的学生打电话给校长说："你爬不爬？说话算不算数？"也有人劝他说："你已达到激励大家读书的目的，不要爬了，一位校长爬着上班太滑稽了。"可是罗克坚定地说："一诺千金，我一定爬着上班。"

说到做到，8 日这一天，罗克真的经过两个小时的爬行，到了学校。在这期间，他磨破了 4 副手套，护膝也磨破了，到达终点时，全校师生夹道欢迎自己心爱的校长。

承诺的力量是强大的。

遵守并实现你的承诺，能使你在困难的时候得到真正的帮助，会使你在孤独的时候得到友情的温暖，因为你信守诺言，你诚实可靠的形象推销了你自己，你便会在事业上、婚姻上与家庭上获得成功。

以下是信守诺言的经验之谈：

（1）在许诺的时候要认真考虑："我真能履行诺言吗？"

（2）在你已经许诺了以后，就应该认真地对待，努力地去实现它。

（3）如果你做不到你曾许诺过的事儿就应该及时地通知对方，你的充足的理由和真诚的歉意会使别人原谅你，同时也可避免不必要的损失。

失信于人会付出大代价

在工作中，没有比诚实守信、取信于人更为重要的了。你在言行举止之中，时刻不可放弃这个根本。与人交往时，只要有这个根本存在，只要别人还信任你，其他方面的缺陷或许还有补救的机会，若失去了这个根本，别人就不愿再与你共事，不愿再与你打交道。

在美国的芝加哥，有一家经营良好的百货公司，但有一次却差点失去一位每年都要在这里花上几千美元的老顾客。

事情是这样的，一位名叫道格拉斯的女士，在该公司买了一件特价的羊绒大衣，回家后发现这件大衣的内衬破了。第二天，她来到该百货公司要求退换，但店员根本没有听她的抱怨，就开口说：“我们这里很清楚地标明了，特价商品一旦售出，概不退换。再说这些货品都是最后一批货，有瑕疵也是难免的，您既然买的是特价商品，我们就不能给您换，您还是拿回家自己缝缝吧。”

“但是这件大衣的毛病也太大了吧？整个内衬都不合适。”道格拉斯女士气愤地说。

"那没办法，特价品你还想要多好呀？总之我们是不会给您换的。"店员没好气地回答。

道格拉斯夫人非常生气，决定再也不来这家店买东西了，她拿着大衣正要往外走，公司经理听到吵架声从办公室出来了，看到道格拉斯夫人，他热情地挽留了她。他们相识多年，他知道她并不是那种无理取闹的顾客，她的信用很好。

经理耐心地倾听了道格拉斯的诉苦，把事情的来龙去脉听完后，仔细察看着大衣，然后说："特价品的确是最后一批了，我们会在每个季节的最后几天将它们处理掉，但您这件大衣的毛病实在是太大了，所以，您把它放在这里吧，我们会把它缝好的，或者如果您实在不想要的话，我们可以把钱退还给您。"

道格拉斯夫人心中的怒火顿时烟消云散。接着她讲了自己的感受，还说，自己会继续光顾这家百货公司的。这位经理始终耐心地倾听着，直到道格拉斯太太满意离开为止。假如这位经理没有听顾客的烦恼，不停地说自己的不满，他将会失去一位长期的顾客。

成功交流并没有什么神秘之处，只要你专心致志地注意对方就行了。

正如电脑缺少了硬件和软件就无法正常工作一样，一个人丧失了诚实和信誉，也难以取得成功。

失信于人，说话不算数，许诺不兑现，意味着你丢失了人之为人的起码品质，意味着在别人眼中你失掉了为人的信誉。这个损失多么惨重，你当然会掂量得清清楚楚。

有位知名的学者曾讲过这样一个故事，说是一名赴德留学生在毕业时成绩优秀，他决定留在德国找工作。拜访过许多大公司后，他都被友好地拒之门外。留学生最后只得去一家小公司求职，但也照样被礼貌地拒绝了。

这下，留学生不干了，他大声说："你们这是种族歧视，我要控告你们……"对方还未等他把话说完，便打断他说："请您小声点，我们去别的房间谈谈好吗？"两个人走进隔壁一间空房，小公司的人事的经理递上一杯水之后，从留学生的档案袋里拿出一张纸。这是一份记录，上面记录留学生乘坐公共汽车时曾经 3 次逃票。留学生看后十分惊讶，也十分愤怒，心里不禁嘀咕："就为了这点小事而不肯聘用我，德国人也太小题大做了。"

说到这里，知名学者列举了一组数据，称德国人抽查逃票通常被查到的概率是万分之三，即你逃票一万次，只有 3 次才可能被发现。那位留学生居然被查出 3 次逃票，一向以信誉著称的德国人对此自然不会等闲视之。

人无信不立，"人而无信，不知其可也"。现代社会是信誉社会，对于个人来说，信誉代表着形象，代表着人格。要想在形象和人格上获得信赖和尊重，就需要树立个人的可信度。从这一点上说，就不难发现为什么德国人会将逃票这样的小事看得比天还大，就是因为他们相信，一个人在几毛钱的蝇头小利上都靠不住，谁还能指望他在别的事情上值得信赖？

人之所以失败，绝不是因为你没有才能或运气不好，可能是由于你轻视小事这个恶习造成的。轻视小事不会产生信誉，没有信誉就无法生存。

如果你损失了一些钱，你并没有损失什么；如果你失去了一些朋友，你的损失可就大了；如果你失去了信誉，那一切都完了。

诚信比成绩往往更重要

考试是公平、公正地检验人才、选拔人才的一种手段，而作弊则破坏了这种公平、公正，一方面使"学"有识、"才"有能的人失去机会，另一方面则使那些"学"无识、"才"无能的人有可能得逞。毫无疑问，作弊不可纵容。

诚信考试其实已是一个老生常谈的话题，在高等学府接受教育的大学生没少接受诚信教育。然而，现在谈到大学生诚信考试，却让很多人不满。虽然考场内总贴着"诚信应试，舞弊可耻"的醒目标语，但仍有一些学生不可避免地用非常手段通过考试，这也使得考试作弊现象屡禁不止：四六级考试"枪手"频出；隐形耳机短信传题大行其道……即便是在期中、期末考试期间，夹带、抄袭者仍大有人在，交头接耳、临场切磋的也不少。尽管各高校在《学生手册》中对考试纪律和违纪处罚做了明确规定，并且安排了众多监考教师和考场督查及巡视人员，但遗憾的是无论何时考试，如何严格，总有人铤而走险，以身试纪。

　　高校学生考试作弊，很令各方面头痛。据一位到日本留学的中国学生观察，日本大学生在考试时基本上无人作弊。因为在日本的大学里，有些考试方式用不着作弊，而有些考试，学生不敢作弊，因为作弊的代价非常惨重。

　　日本的大学生考试，可以带词典、书本、计算器，凡是学生认为用得着的都可以带进考场。在考试过程中，随时可以翻书查找公式。可是考试题都出得很灵活，翻书肯定是找不着答案的。所以，词典、书本、笔记本对应付考试基本没有什么作用。这位留学生到了日本，第一次考试就令他十分惊讶。老师发了试卷以后就离开考场休息去了，根本不进行监考。一个小时以后老师回来了，也不收试卷，而是把标准答案写到黑板上，让学生对照标准答案自己给自己打分。同学们自报分数的时候，表情都很自然，有的报"80分"、"30分"、"60分"、"50分"，最少的才十多分。这位留学生就想，有没有人趁机自己给自己多报些分数呢？据他观察，没有。

　　为什么会有这样如此好的现象呢？原因有以下两个：第一，决定学生学业成绩的，不是某一次两次的考试，而是要综合出勤和对知识的掌握、灵活运用情况而定。第二，这可能是至关重要的。假如有学生不是如实报告自己对自己的真实评分，将被视为不诚实。而一旦被视为不诚实，该门功课的成绩肯定就是不及格了。这比打分低一点要严重得多。而且，不诚实的学生今后找工作、走上社会的一切活动都会受影响，学生就不敢冒这种险了。

　　为防止考生作弊，我国各高校常规的做法是一经发现，校方给予严惩，轻者警告、留校察看，重则勒令退学、开除学籍。惩罚可谓严厉，但却治标不治本，铤而走险者不减。

　　面对诚信缺失的道德病症在高校蔓延，上海高校率先在全国建立大学生诚信管理制度，为每个在校大学生设立个人信誉档案。该档案主要记载学生在校期间在诚信方面受到的奖惩情况，并借鉴金融系统客户信用等级评价的方法，给每个大学生在校期间信誉状况一个客观等级评价。据了解，目前该做法已开始在全国高校中推广。

其实，防止考试作弊，诚信考试，最主要的是从我们大学生自己身上找原因，那些手段和制度都不是解决问题的根本办法。最根本最直接的办法就是我们每个大学生应诚信做人、诚信考试。

我国正步入信用经济时代，诚信是对公民的基本道德要求，作为"天之骄子"的大学生是未来社会的栋梁、国家的希望，是否具备诚信品质成了判定大学生是否能成为合格公民的基本准则。大学生要做到诚信，首先就要做到拒绝考试作弊，反对考试作弊，在考试中亮出自己诚信的品牌。大学生要将外界的约束内化为道德自律，外部的环境、制度、教育的确都能对大学生的诚信产生约束力，但这些都只是从外部产生作用，要从根本上解决问题，还是要求我们大学生从内在的修养做起。作为一名正在接受高等教育的大学生，完全能衡量出诚信对我们的重要性。

作为当代大学生要正确认识自我，牢固树立正确的世界观、人生观、价值观和社会主义荣辱观。不断强化良好的自我意识，塑造诚信人格；明确学习目标，提高学习动力，学会学习，注意平时积累；注意对考试认知的调整，理智看待考试及其结果，分析结果的原因，这样才能有利于自身健康成长。

诚信是公平考试的前提和必要条件，如果失去诚信，考试将成为不公平竞争。当有人采取作弊的方式，那么意味着考生没有站在同一起跑线。个别"另辟蹊径"的同学希望凭借作弊拿到高分，然而赢了一次又如何？失去诚信意味着失去做人的根本，结果是得不偿失的——你将因此而一文不值！

诚信是爱情道路上的灯塔

一对夫妻走进一家咖啡厅,在服务员准备去取咖啡时,妇人说了一句:"请给我先生的那一杯加点盐。""是吗?"服务员觉得很惊讶。"是的,他喜欢。"原来,在他们第一次见面时,那位男士点了一杯加盐的咖啡并且说他喜欢这样。但事实却出乎所有人的意料。老人临终时,终于说出了真相:原来当年,他由于太紧张了,把糖说成了盐,但是以后每次见面,妻子总会主动为他叫一杯加盐的咖啡。男士知道她是因为爱他才这样做,于是他把错误一直说了几十年。

爱情需要诚信,而且是一种人性化的诚信。就如同故事中的老者,在爱情面前,他编造了谎言,但这不是失信,恰恰相反,这是对爱情的诚信,一种具有人文关怀的诚信。

爱情是美丽的,诚信是可爱的,如果说在美丽的爱情中有一个可爱的诚信,那肯定会演绎出一个动人的故事。古往今来,爱情都是文学作品中永不褪色的主题,而诚实守信则是锁定每一个爱情故事成功的法宝,是让爱情甜蜜幸福的润滑剂。

一位是在大学就读的学生士官，一位是在读的大学女高材生。那位普通的学生士官凭着一个军人最基本的品质——真诚，竟然赢得了一位校花高材生的爱情。

事情原来是这样的。那一次，学生士官回家探亲，应昔日的好友盛邀去六朝古都北京游玩。在颐和园风景区里，他们无意间碰到了好友的大学同学、一位在京城名牌高校读书的漂亮的女高材生。朋友相会，免不了话今叙旧。闲聊之际，那位女高材生突然用一种好奇的口吻向那位学生士官提了一个最基本的问题："士官是不是部队里最小的官？"学生士官便如实相告："士官并不是官，其实也是兵，只是相当于过去人们熟悉的志愿兵而已，与军官之间有着本质上的区别。"女高材生听毕，眼睛里闪动出一种可称作"真诚"的光彩和赞许。

辞别时，女高材生突然对他说："我们可以交个朋友吗？"学生士官斩钉截铁地对她说道："不行，我们军人不可以随便与女青年交往！"此刻，那位高材生不恼不怒，变戏法似的与他的朋友耳语了几句，并在频频的颔首中露出了会心的微笑。然后，她大胆地对他说："如果有缘，我相信我们肯定会再相逢的。"

第二天，那位学生士官如期踏上了回归军校的列车。还没到检票口，远远地，他就看见那位高材生抱着一大束玫瑰静候在那里。当他走近时，那位高材生以一种深情的目光看着他，并送上她怀中的红玫瑰，一字一顿地对他说："你的真诚，已赢得了我的爱情。我想，不论哪个女孩儿选择你，都绝对不会错的。"

听她这么一表白，那位学生士官竟傻愣在那儿。因为他从好友处得知，她不仅是学校的高材生，更是一位家庭富裕的某集团董事长的千金，追求她的男孩儿超过一个加强连，甚至不乏高官的公子等，但她却始终一个也没相中。于是，他再次真诚相告："我是农民的儿子，我难以给你带来幸福。"她立即反驳："谁说我嫁给农民的儿子就会失去幸福？"他无言以对。

此后，他们鸿雁传书，谈学习谈理想谈未来。毕业后，他们走进了婚姻的殿堂。

有一天，那位学生士官问那位高材生为什么会爱上他并嫁给他，女高材生坦言相告："是你的真诚拨动了我爱的琴弦。其实，我是在发现你的言谈举止特别真诚之后，才故意问你士官是兵还是官这个敏感话题的。我相信，我选择真诚就是选择了幸福。"

不知从何时开始，什么都讲诚信，国家需要诚信，社会需要诚信，企业需要诚信，人际交往需要诚信，从古至今，又有多少爱情绝唱无不体现着一种诚信？"在天愿为比翼鸟，在地愿为连理枝"、"山无棱，天地合，乃敢与君绝"……而现代最直接最通俗的就是："我爱你，一生一世！"对方之所以被你感动得一塌糊涂，是因为你的爱情体现了一种诚信。确实如此，有爱情的人抑或是向往爱情的人都希望拥有"诚信爱情"。

随着时代和社会的发展，当代大学生的爱情观已发生了很大的变化，与过去相比，现在各高校越来越多的大学生越来越早地走到爱情的边缘，走进爱情世界里的也大有人在。如今，在全国高校各大校园里，大学生谈恋爱很普遍，但不少大学生对待恋爱不真诚。谈恋爱不是为了结婚，成功率只有10%。在大学生恋爱的动机系统中，性满足的动机、情感亲密的动机、自我确认、自我证明的动机，比结婚的动机占有更大的比例。当代大学生对恋爱呈现非责任化的态度，对恋爱态度不是很严肃，更多地抱有一种游戏心态，多角恋爱，用他们自己的语言说，就是"玩玩"而已。缺乏基本法律意识、道德修养。恋爱不成，轻生自杀、伤害对方，几乎每个高校都有，这其中，女大学生受到的伤害尤为严重。

其实,在大学求学,绝大部分大学生还是纯消费者,没有自己的经济收入,而且身心尚未很成熟,情感和心理承受力相对而言还较有限,甚至是脆弱的。所以,大学生谈恋爱是弊大于利的,故笔者认为大学生最好不要谈恋爱,怎样才能避免大学生去谈恋爱呢?要使全体大学生都不谈恋爱是不可能的,较好的方法还是在于大学生个人的主观因素。作为大学生,尽管已是胜利走过独木桥,但要学的知识更为广泛,而且学习任务较重,所以大学生不应该自我沉沦,他们应该以民族振兴、国家兴旺为己任,给自己制定更高的目标、对自己提出更高的要求和施加更重的压力。只有这样,才会觉得时间有限而对其格外珍惜,从而不再去考虑消极的问题。"一分污水一分才",自己的努力会取得进步和成功的。这样,你就会觉得过得充实而有意义,同时也增强了自信心,根本不用担心在人生道路上找不到自己满意的伴侣。"百尺竿头,更进一步"或许更会使你达到"生命诚可贵,爱情价更高;若为自由故,二者皆可抛"的崇高和绝佳境界。

退一步来讲,如果大学生真的要谈恋爱,千万不能操之过急,要保持慎重。其中最重要的是真诚地对待爱情,因为真诚和诚信就像一座灯塔,照明你爱情路上前进的方向。在交往的过程中,要做到相互尊重、关心、帮助和理解。做人要有自己的原则,千万不要因为自己心中的情人而改变整个自己,应该本着"人人为我,我为人人"的原则,站在不同的角度去考虑问题,多顾及对方的感受,尽量避免伤害对方的自尊心和不让其感到尴尬。

另外,在选择"对象"方面,不应过于片面,身材不应成为决定因素,关键在于对方是否具有上进心和善良心、是否跟自己志同道合和起到相互促进的作用。在追求方面,在一定程度上,应该相信"随缘"和"顺其自然"之说,因为爱情是可以追求但绝不能强求的,只要双方在学习和生活中能相互得到帮助、依托和快乐，所谓的"爱情"就会自然而然水到渠成了。

最后，还得正确处理爱情与事业的关系。大学生正确认识，对待和处理爱情与事业的关系，主要表现在如何正确认识，对待和处理恋爱和学业的关系，正确处理恋爱与集体活动、与社会工作的关系，正确处理恋爱与其他同学团结的关系等方面。肩负重任的大学生应处理好爱情与学业关系，珍惜青春，把握青春，使青春更美好，更富有积极意义。

大学生谈恋爱时，遵守恋爱道德的主要内容是相互尊重恋爱自由、彼此忠诚，行为端正文明。举止文明，有分寸，不可随心所欲，无视社会公德。

助学贷款是检验大学生信用的试金石

"给我一个支点，我将撬动整个地球。"阿基米德的自信令人激动。"帮我一把，我将上完大学。"贫困生的无奈同样令我们动容。

常常记起一则漫画，第一幅画面是一堵墙，用油漆刷着几个大字："再穷不能穷教育，再苦不能苦孩子"；第二幅画面墙只剩下一部分，留下了"穷教育，苦孩子"几个字。教育不能穷，孩子呢？作为孩子中的大学生呢？象牙塔是那么美好，并不是每一个大学生都能在这里安稳地度过 4 年，很多农村贫困家庭承受不起高昂的学费，以致十年寒窗，功亏一篑。

于是，从 1999 年国家开始实施助学贷款制度，它是党中央、国务院在社会主义市场经济条件下，利用金融手段完善我国普通高校资助政策体系，加大对普通高校贫困家庭学生资助力度所采取的一项重大措施。

国家助学贷款是借助国家信用而向贫困学生提供的一种无担保信用贷款，它是建立在诚信基础之上的。与其他个人消费贷款相比，国家助学贷款最大的特点是不需担保，而是一种以个人的身份、人格和信誉为保证的信用贷款。贫困生只需提供借款介绍人和见证人即可，但介绍人和见证人没有连带责任。这种形式的贷款在其他国家是很少见的。

国家之所以提供助学贷款，一方面体现了党的教育方针和政策，另一方面也是以学生能如期还款，信守诺言为前提的，即学生会恪守诚信，按期还款。正是在这样一个假设前提之下，国家才得以实施助学贷款计划的。若没有诚信这个前提，很难想象国家会将国家的钱或人民的钱任意打水漂。

从国家实施助学贷款的将近 10 年来，大多数大学毕业生能诚信守诺，主动还贷，但还有不少大学生毕业后不还款，甚至恶意逃款。面对国家助学贷款还款这一令人尴尬的局面，一些银行纷纷收缩甚至取消这项业务，银行的理由很简单：贷款无法收回，部分大学生不讲信用。大学生信用度的下降，直接影响到国家助学贷款这一政策的推行。这样，对多数经济困难的大学生而言，助学贷款由雪中炭，旱天雨而变得有些像镜中花和水中月了。所以说，一个人不还贷那是小事，但造成的坏的影响却是巨大的。

大学生不讲诚信是银行发放贷款的最大顾虑。银行对开办助学贷款业务的主要担心在于其风险性，一是贷款周期长，按照规定学生借贷款本息原则上须在毕业后 4 年内还清，如果毕业后找不到工作，还贷必将会受到影响；二是流动性大，学生毕业后各奔东西，增加了还贷难度；三是贷款人一旦发生失踪、死亡或丧失完全民事行为能力和劳动能力，将有可能成为难以收回的呆死账。这样银行便将助学贷款的风险防范完全寄托在大学生的个人信用上，大学生的诚信也就显得尤为重要了。

现代大学生不仅仅要学习课本的知识，更重要的还是学会做人。做人自古以来就有一条很重要的原则就是诚信，诚信在人们交往时的重要程度不可估量。目前我国的助学贷款制度，在没有法律约束的条件下，特别靠学生们的自觉，这时候更体现了诚信为本。

在贷款还款过程中，因为没有法律约束，大学生可以违背诚信原则，甚至背离诚信，在目前也不会受到太大的影响，但是大学生都是有远见的，违背这种诚信原则，在以后将会受到怎样的影响，甚至是惩罚，都是显而易见的，所以这种无法律约束的助学贷款特别能够考验大学生的诚信，教育大学生们要以诚信为本。

小文是北京某高校的毕业生，在一家公司上班已经两年多了。因为家境贫困，四年的大学时光有一半是依靠国家助学贷款完成的。按照小文和银行的约定，他应当在毕业四年内全部偿还银行贷款。根据他现在的收入水平，两年内就可以完全还清。但小文没有这样做，他决定按照合同约定，一笔一笔地还清贷款。对于还款，小文有着自己的想法。

事情还得从小文第一次贷款时说起。当时，学校邀请到银行的专业人士，为所有贷款的同学讲解有关贷款的知识。讲座给小文留下了深刻的印象。他知道了一个从来没有和银行打过交道的人，他的信誉不如在银行有过信用纪录的人；一个按照约定还款的人，比其他方式还款的人，在银行的信用度要高。细心的小文敏锐地感觉到良好的个人信用对日后成功的重要意义。他决定认真地把握现在，从眼前的事情做起。

很快，小文就获得了银行贷款。与别的同学不同，小文非常重视与银行的联系和沟通。家庭地址变了，联系电话变了，小文总会及时与银行联系，对自己的信息进行修改。毕业时，小文主动向银行通报了自己的工作单位以及联系方式。他认真地做好眼前的每一件事，努力维护自己的良好信用。原来，小文早就想好了，不久，他将开设属于自己的公司。肯定需要得到银行的支持。小文很庆幸自己能在大学期间就能有机会为自己在银行的信用记录不断加分。他自己对未来能从银行获得一笔新的贷款充满信心。

古人云："不积跬步，无以至千里；不积小流，无以成江河。"诚信品格的锻造不是一朝一夕形成的。小文的故事告诉我们，诚信品格的锻造，良好信誉的形成，需要我们把握每一次遵守诚信的机会，成为一个诚信社会的合格人才。

诚实守信是一个简单而普遍的行为规则，在个人资信登记系统完善的国家，每个公民都有一个集身份证号、社会保障号和银行账号于一体的个人信用档案，这份档案一人一号、终身使用。个人收入通过银行划转到私人账号，金融机构以及相关机构很容易了解人们的信用和收入状况。一旦有不良的信用记录，个人将遭遇无处不在的阻力：买房不能贷款，注册不了公司，甚至得不到任职、升迁，人们不愿意与他交往等。在这些国家，不守信者将付出极高的成本。

对学生个人来说，拖欠贷款会带来严重的后果。美国自 20 世纪 40 年代就开始建立个人信用系统。依托高度发达的电子网络，美国的个人信用系统十分完备，银行或政府担保机构一旦把拖欠者的有关情况报告给社会上的信用评级部门后，拖欠者的信用评分就会大打折扣，今后无论在就业、办信用卡、贷款买车、购房等方面，都会处处受阻。助学贷款违约记录还会存在于个人资信系统中，并终身相伴，这在以个人信用为基本生存和发展条件的社会里，几乎是除法律制裁之外最严厉的惩罚了。当然，对于那些恶意拖欠贷款的，还会被诉诸法律，由法院强制执行，并由拖欠者负担审判费和高昂的律师费。

如此坚决、严厉的惩罚，令人望而却步，起到了应有的作用，让学生和整个社会更加注重诚信。

在我国信用体制尚未完善的今天，大学生享受助学贷款其实就是在用自己的诚信作担保。大学生偿还贷款，不是靠银行和学校制定的一些相应措施，而是靠学生自身的诚信素质。所以说，助学贷款是检验大学生信用的一块试金石。

英国作家萨克雷曾说："播种行为可以收获习惯，播种习惯可以收获性格，播种性格可以收获命运。"大学生应该加强自身道德修养，以严格的个人修养来约束自己。慎记只有做一个诚实守信的人才能收获他人和社会的信任。

就业与择业，诚信才可以长久

　　每年的七八月份是高校毕业生就业的时候，近年有关大学生不诚信就业的事例屡见不鲜，就业求职过程中，大学生诚信缺失的表现是在制作简历和面试中弄虚作假。为了在激烈的就业、择业竞争中处于较有利的位置，一些学生将各种获奖证书、各类资格考试合格证书，伪造得几乎乱真；还凭空杜撰社会实习经历等。据报载：一位用人单位负责人在一次招聘会上收到的自荐材料里，竟发现有 5 名学生同为一所学校的学生会主席，5 人同时为同班的优秀班长。清华同方人力资源部一名负责招聘的同志在一次校园招聘会上，发现某大学一个班 30 人，竟然冒出了 16 个班长，剩下的也全部都是班干部。面试中，有的同学肆意贬低甚至诋毁自己的学友。

　　大学生在就业求职过程中诚信缺失的另一种表现是：违约。一些学生在面试过程中信誓旦旦，一旦拿到录用书却满口托词，左挑右拣，签约不久又毁约或签约之后不去报到的现象并不少见。据报道，仅 2002 年上半年，某市第二中级人民法院接连受理 6 起大学毕业生劳动争议案，其中大多是因为大学生提前解除合同引起的，而且涉讼人员主要是外地留城大学毕业生，这些学生原来签约的目的就是留下来，先解决户口问题，一旦有了更好的单位，就不顾信义地另攀高枝。

面对着众多的现实，面对着舆论，我们不得不问大学生真的缺失诚信吗？大学生择业过程中存在的不诚信现象真的就是势不可挡还是只是特例？难道经过十几年的教育学习，大学生们学会的只是"欺骗"么？我们该如何看待。其实，不诚信现象只是大学生中的极少数，在我们的现实生活中仍然有很多崇尚诚信，发扬诚信的好事例。

小张是某高校一名应届毕业生，在面临大四毕业时，她决定出国留学，当身边的同学在积极的准备考研和求职简历时，她鼓励自己："我不能因为周围的同学而影响到自己，我们有选择人生的不同方式，我既然选择了出国留学，我就要坚持，如果失败，那只是我力所不能及，总比因为乱了阵脚，到头来两手空空要好！"

经过艰辛的准备和通过了 TOEFL、GRE 之后，小张终于意识到原来出国之路真的不是想象中的那么简单，熬过考试之后，真正的艰难才刚刚开始。一番的艰辛，一番的酸涩之后她突然间觉得自己似乎更适合在国内发展。

面试时，单位的主考官问她："你没有应聘过别的单位吗？"她说："我一直在联系出国，没有找单位，现在看来一时还办不成，所以就先来应聘了。"最后单位居然就相中了她。

后来，主考人员解释录用原因时说："首先，打动我们的是她的诚实；第二，这个学生的素质不错，她的外语成绩很好，这是我们所需要的，如果她一年后能出国，我们也支持，至少在一年中间，她能做不少事情。以后我们还可以继续招聘合适人选。我们不要求一个人在一个岗位能稳定多少年，主要看他能做多少事。"

从小张的亲身经历，我们能深刻地感觉到，如果不是她的诚恳，如果不是单位的主考人被她所感动，那她可能就要失去进入这家公司工作的机会了。然而在招聘中的一些不诚信现象，虽在眼前来看，是对自己有利的，是对自己缺点的掩饰。但是，一时的修饰是经不起时间考验的，与其到头来遭受自己给自己强加的痛楚，倒不如当初就以诚相待，或许会给自己赢得更多的机会。

即将踏入社会的大学生，求职是他们迈进市场的第一步，在这方面表现出不诚信，则是得不偿失的。古人云："人而无信，不知其可也"，"民无信不立"。在求职过程当中，诚信坦率，不弄虚作假，已经成为整个社会的一种必然趋势，不粉饰、不掩饰自己的缺点，已经成为目前求职的一条成功法则。

小李是某高校的一名即将毕业的大学生，但是她已经成功地签到一份自己比较满意的工作。当别人问起经验时，她兴奋地说："是诚信帮我找到了工作。"在这份工作的面试过程中，她主动说出了自己在学校做兼职时所犯的一次严重错误，接着详细地分析了犯错的原因和以后总结经验所取得的成功。在她详细讲述的过程中，面试官先是皱起了眉头，接下来又频频点头，最后终于露出了满意的笑容。最终，小李顺利地拿到了那份工作，后来在跟面试官交流的过程中，面试官就告诉小李，正是她的那份坦率，敢于说出自己的错误的精神以及她犯错后能及时总结经验的态度，为她赢得了那份工作。

诚信缩短了人与人之间的距离，拉近了心与心的交融，在你我之间架起了一座座友谊的桥梁，所以我们渴望真诚，我们需要真诚，我们赞美真诚！

往年的大学毕业生喜欢在求职简历书上给自己"化妆"，初看简历，你简直觉得他是完美无缺、无所不能的。但是我们也应看到，越来越多的大学生他们在自己的求职简历上不仅不"化妆"，还勇于"自暴缺点"，开始打造诚信求职。

湖南大学的李同学在求职简历上专门设置了"缺点栏"。上面赫然写着"没有实践经验、做事情急于求成"等内容，该校工商管理专业的另一名男生也在个人简历中罗列了自己的一些缺点，如"字写得不好"、"自控能力较差"、"有时出现消极、厌倦情绪"、"有时喜欢偷懒"等。

湖南师范大学外国语学院的尹同学虽然在简历上明确写有大学期间失败过的经历，却依然被深圳的一家外企录用。她说，求职和做人一样，都需要讲诚信。把自己的失败写出来，正是为了避免发生同样的错误行为。把缺点写进简历中是便于用人单位了解自己。

对于大学毕业生勇敢地公开缺点的做法，湖南师范大学大学生就业指导中心的向老师认为，这是一种可喜的新现象，是毕业生成熟的表现。人无完人，能够把缺点告诉用人单位，赢得的同样也是信任。

一些用人单位对此非常欢迎。某实业有限公司人力资源部周经理告诉笔者，以往他们在问及毕业生的缺点时，多数毕业生竟回答不出来。周经理认为，能正视自己的缺点，是一种很难得的精神。不知道自己的缺点，其实往往是最大的缺点。某酒店的秦经理认为，能主动把自己的缺点写进去，的确是新气象。显示的是诚恳与实事求是的态度，这是最难得的。毕业生能公开自己的缺点，有利于全面了解他们，用人单位很欢迎这种毕业生。

"诚信简历"的出现是对目前"注水简历"的一种真诚大胆的挑战，"人无完人，孰能无过"，用人单位在选用人才时，除了对人才的知识水平、业务能力等重视以外，对人才的思想道德水平和道德素质的考察也是其中一项重要的内容。"诚信"是为人之本，它是做人的首要品性，也是一切道德的基础。一个合格的大学生除了应该具备扎实过硬的科学文化知识，强健的体魄外，还必须有健全的人格。虽然在现阶段，许多用人单位看重的是大学生的一些硬件条件，但我们相信，随着社会文明程度的不断提高，用人单位对人才选用的标准将会越来越侧重于人品，到那个时候，"注水简历"将不再有市场，"诚信简历"将会发扬光大。

择业是一个学生与用人单位双向选择的过程。求职过程中，所有的应届毕业生共同进入就业市场，共同竞争。残酷的竞争环境，自由的选择过程，给了求职者机会的同时，也就不可避免地为不诚信行为埋下了隐患。

华硕公司在选拔人才时，注重五大指标——谦、诚、勤、敏、勇。美国曾经有一名商人说过：一个人可以失去财富、失去职业、失去机会，但万万不可失去信誉。

美国堪萨斯城郊的一所名叫 Piper 的高中，118 名二年级学生被要求完成一项生物课作业，其中 28 名学生从互联网上抄袭了一些现成材料。此事被任课女教师 Pelton 发觉，判定为剽窃，于是 28 名学生的生物课得分为零，并面临留级危险。在一些当事人家长的抱怨和反对下，校方要求女教师提高那些学生的得分，这位 27 岁的女教师愤而辞职。之后，女教师每天都接到十几个支持她或打算聘用她的电话。一些公司已经传真给学校索要当事学生的名单，以确保公司今后永远不会录用这些不诚实的学生。

不诚信就业、修改简历的不断发生，也督促着企业不断完善自身的用人标准以及录用程序。用人单位为了了解所聘用员工的诚信情况，使出了各种各样的"撒手锏"。

某公司为自己的每一位员工建立诚信档案，每一位员工的诚信档案中都记录了该员工在企业任职期间的工作表现、岗位变动、职位晋升、学习培训、奖励惩罚及离职交接情况等内部资讯，真实反映了员工在企业的工作情况。

在上海，一些人才市场，某些用人单位向求职者提出有担保人的要求。在武汉，"求职担保"也相当流行。担保的形式主要有两种：一种只要求担保人写一个担保书并出具身份证复印件；另一种则要求在公司提供的格式化的担保书上签字，并加盖担保人所在的单位或居委会的公章，担保手续必须由担保人到公司亲自办理。

我们需要真诚的笑容，需要真诚的话语，需要真诚的关心与帮助，我们更渴望能感受到彼此真诚的心灵，用我们真诚的心去对待朋友，去对待身边的一切。

每个大学生都应从自身做起，从择业做起，做一个诚信的学生，做一个诚信的求职者，乃至做一个一生重诚信的公民。

第6章

诚信治家：以诚感人者，人亦诚而应

忠诚是做人的最高境界

一个真诚的人，他不仅说话做事不搞欺骗，而且他还具备做人的最高境界——忠诚。

越来越精明的现代人，穿行在钢筋水泥构架的都市马路上，常常在不经意中忽视了做人忠诚的准则。有的人或见利忘义、因小失大，或目光短浅、斤斤计较，或尔虞我诈、欺来骗往，从而上演了一幕幕违背良心、令人痛心疾首的悲剧。

忠诚在成功的问题上是有生命力的。例如许多外国企业在用人之道中首选目标是考验忠诚。对于一个不忠诚的员工，他往往会把公司看成是福利机构，或是自己另谋高就之前的脚踏板、垫脚石，他工作没有责任感，公司的兴衰荣辱和他没有关系。这样的员工完全游离于公司利益之外，又如何谈忠诚呢？

在成功的道德取向上，无论是东方还是西方，都有融会贯通之处。西方人最鄙视说谎的人，一个孩子在成长过程中难免说几句假话，但他们的母亲认为这几句谎言会给他将来为人刻下烙印，为免于将来受人唾弃，做母亲的会对孩子进行说服教育，让他们认识到说谎所产生的恶果，比如无人信任、使自己丧失信誉、难以在社会上立足等。东方人更是将忠诚视为为人的美德，称其为最有价值的"人格天条"。

现在图书市场上有一本畅销书《忠诚胜于能力》。这本书之所以畅销，关键之处就是它提出了"忠诚不仅是一种品德，更是一种能力"的新时代工作观。

忠诚作为一种能力，它是其他所有能力的统帅和核心，因为如果一个人缺乏忠诚，他的其他能力就失去了用武之地——没有任何一个组织愿意任用一个缺乏忠诚的人。

忠诚有如下五项标准：

第一项标准：具有无私的奉献精神，在个人利益上不会斤斤计较。

第二项标准：勇于承担责任，有任务不推诿，工作出现失误不找借口。

第三项标准：总是站在公司的立场上开展行动，即使无人知道的情况下，也会主动维护公司利益。

第四项标准：绝不利用职权或职务之便为自己谋取私利。

第五项标准：忠诚不表现在口头上，而是拿业绩来证明自己是忠诚的。

一个人的忠诚之心表现为：

（1）忠诚于国家

苏霍姆林斯基说："忠诚于祖国，这是一种最纯洁、最敏锐、最高尚、最强烈、最温柔、最有情、最温存、最严酷的感情。一个真正热爱祖国、忠诚于祖国的人，在各个方面都是一个真正的人。"

在我国历史上，虽然有时世事不公，但像岳飞、于谦、林则徐等忠诚于国家的杰出人物，其高尚情操永远闪耀着光芒。这些人物虽曾蒙冤于一时，但最后还是得到了后人的公正评价，并受到后人的敬慕景仰。

（2）忠诚于家庭

家庭是一个避风港，是一个人工作之余休憩和恢复活力的地方。幸福的家庭是成功的基础，但是一定要切记，美好的家庭是自己兢兢业业创造出来的，它的成功在我们的掌上。

（3）忠诚于公司

有家公司因为对手公司业务的红火而担心自己被挤出市场，虽然想尽了办法试图扭转公司的劣势，但还是没有一个万全之策让自己在商界占有一席之地。怎么办呢？后来，他们终于通过关系，派人接近对手公司一名仓库主管，让他暗中出卖公司机密。这名主管在重金的诱惑下，利令智昏，将自己公司的内部机密，如产品库存数量、价格策略、营销渠道——泄露了出去。竞争中几个回合下来，原来那个欣欣向荣的公司节节败退，最后元气大伤而宣布破产。而它先前的对手，却借着它破产的东风稳步发展。这是一个典型的不忠诚的案例。这种不忠诚，就像一颗埋在办公室里的定时炸弹，只要时间到了，就会将办公室炸得片甲不留。因此，作为一位有职业道德的员工，上班需要坚守的准则是：何事可为与何事不可为；做人需要坚守的信条是：绝不选择良心的堕落。

说到底，忠诚的最大受益人还是我们自己，因为它能给我们十大回报，这十大回报是：第一大回报：让你的才华有一个施展的天地，忠诚的人从来不会怀才不遇。

第二大回报：获取公司、老板、上司、同事对你的信任。

第三大回报：让你有一个稳定的工作，而不至于像不忠诚的人那样总是漂泊。

第四大回报：让你受到老板的重视，有机会成为老板重点培养的对象，从而获得晋升。

第五大回报：让你比不忠诚的人获取更多的物质回报。

第六大回报：让你分享公司的荣誉，并从内心深处体会到这份荣誉带来的快乐，而不忠诚的人根本不可能体会到它。

第七大回报：让你的能力、品质随着企业的发展而成长，让你的个人品德更具有价值。

第八大回报：让你在人才市场上更具竞争力，让你的名字更具含金量。

第九大回报：让你面临更多的机会，老板总是乐意把更多的机会让给忠诚的人，忠诚的职员会被企业争相聘用。

第十大回报：让你工作精益求精，成为专家级人物。

以上文字摘录于《忠诚胜于能力》，愿与大家共勉。

让诚实永远为你的声誉增值

人生中，无论做什么，都要抱着一种求真的态度。我们往往追求代表真实的人和事物，因为它代表着最崇高的美德——诚实与正直。

哈佛教授认为，诚实与知识、经验结合在一起，是一种人生智慧。因此，所谓智慧乃是行为中毫不掩饰的知识，是诚实在经过一段时间所显示出来的人或物，一个人不诚实地面对自己，就无法真正拥有成功。用蜡塑成的人或物，在温度过高的情况下就会融化，内心不诚、不真的人，最终必将显露出真面目，从而失去信用这一成功的资本。今天，利害关系已取代了诚实与正直而成为更重要的考虑因素。只要你有钱，又有关系，就可买到任何东西，然而，你却买不到尊敬、信誉与荣誉。它们是非卖品，必定要用诚实才能得到。在事实与时间的检验下，它们都会历久弥新，永不褪色。

你可能会认为，我之所以失败了，本来就因为别人对我不诚实，或者我对别人太诚实的缘故，我怎么能继续充分信任别人呢？我怎么能明知道是圈套还要往里钻呢？乍一想。你的想法也并非没有道理，但你想过没有，在这个社会里，一个有诚实形象与一个没有诚实形象的人在社会上所受的欢迎程度有何区别？这个对比的结果很明显，这就充分说明了人们还是在追求诚信的，并非"人心叵测"的。这个词只是要你不可太轻信别人，并不是说要你虚伪待人。既然这样，你又为何不去追求一个诚实的形象呢？你在这个追求的过程中，也许还会碰到欺诈之类的事情，但可以肯定的是，你所碰到的更多的是诚信。你在这个追求过程中，可以体验真善美的快乐，而且这个追求的结果更能令你受益不浅，欣喜不已。

曾有一个意大利小孩，其父亲生前是个生意人，一生非常讲究信誉，但他生命中的最后几年运气糟透了，留下一大笔债务便一命呜呼了。父亲过世的时候，小孩只有12岁。按法律规定，小孩完全可以不承担这笔债务，正当父亲的债权人后悔莫及的时候，小孩却一一上门拜访，许下诺言说给他20年时间，他会全部还清父亲的债务。20年！一生中有几个20年，小孩却要花这么长时间去还一笔不应自己承担的债务，这需要多大勇气呀！

债权人没有几个对此抱有希望，但事已至此并无他法可想，只有听之任之了。小孩子于是开始了他的还债生涯，到了27岁那年，他还清了所有债款，提前了5年！小孩缩短了还债时间，原因很简单，一是自己许下的诺言成了一股强大的动力，促使他不断朝着目标奋斗；二是随着自己不断兑现自己的诺言，债权人对他有了极大的信任（如果小孩不兑现诺言的话，他一辈子也许得不到这笔财富），比以前更加愿意与他合作了，而且由于他的诚信名声在外，与他合作的人越来越多，生意也越做越大，因而钱也越赚越多。

小孩自己也许没意识到，这笔财富让他获益终生。由于他花了15年的时间去还一笔本来不属于他的债务，他的信誉在生意圈中产生了一股巨大的力量，几乎没有人不愿意与他有生意往来。诚实的人品，良好的信誉最终使他成了一个富翁。

　　小孩在他一生以诚待人的过程中，也碰到了受人欺诈的事情。"商场如战场""无商不奸"等成语正是说明了生意场上的尔虞我诈，但就在这样一个生意场上，信誉为小孩赢得了巨大的财富。

赢在诚信的起跑线上

父母们常说："不要让孩子输在起跑线上。"那么人生的起跑线是什么呢？明礼诚信、老老实实地做人，才是真正的人生起跑线。

几年前，美国一所学校的多名学生在完成生物作业时抄录了某网站提供的一些材料，任课老师就毫不客气地判这些学生的生物课为零分。这位老师说，第一天上课她就和学生订下协议并由家长签字认可，协议说，所有布置的作业都必须完全由学生自己独立完成，欺骗或剽窃将导致课程失败。支持她的老师们说，教育学生成为一名诚实的公民比通过一门课程更加重要。所以，选择一个能当国王的人不难，难的是选一个诚实的人。这是很不容易的事情。

每个父母都希望自己的孩子具有诚信的习惯，不喜欢孩子撒谎。但是，许多孩子却是说的一个样，做的另一个样；当面一个样，背后另一个样。面对孩子的这种行为，许多父母是既生气又着急，对孩子来回训斥甚至是惩罚，但是，这种方法有时却促使孩子更擅长于撒谎了。

　　其实孩子的这种不诚信的行为并不是天生的，而是由后天的某种需要引起的，比如为了满足吃的需要、玩的需要甚至是为了逃避受批评、受惩罚。从心理学来看，儿童的道德意识和道德行为的发展是紧密相连的。道德意识决定着道德行为，道德行为又反过来体现着道德意识。但是，由于儿童的认识水平跟不上道德行为，常常会造成认识和行为的脱节。许多孩子明知自己的行为是不对的，但由于意志力薄弱、自制力不强无法控制自己的行为，造成他们说话不算数，答应人家的事却又不做。

　　孩子是否诚信在很大程度上取决于父母的教育。对于孩子经常出现言行不一、不履行诺言的行为，家长应该多从儿童的认识发展上来找原因。不要把孩子的这种行为看成是道德败坏而打骂孩子。如果父母从小就注意对孩子进行诚信的教育，孩子是可以养成诚信的习惯的。

　　在诚实教育上，很多家长都有自己的方法。例如，培养孩子诚实待人，以真诚的言行对待他人、关心他人，对他人富有同情心，乐于助人。严格要求自己，言行一致，不说谎话，作业和考试要求真实，不抄袭、不作弊等。

　　某报在中国正式成为世贸组织成员之前，做了一项抽样调查。结果显示，父母们认为，入世后家庭面临的最大挑战是如何教育好子女。只有 15% 的父母和 17% 的孩子认为，入世后，诚信和社会责任感比竞争能力和社会适应能力更重要。这就是说，还有绝大多数的父母和孩子没有意识到诚信和社会责任感的重要。这确实值得我们反省。

　　一个人如果没有诚信，没有责任感，在社会的竞争中，他的心态是扭曲的，很难在竞争中取胜。也许更多的是"一锤子买卖"，他会在"路遥知马力，日久见人心"的过程中被淘汰出局。

　　记得德国有一句谚语："一两重的真诚，其值等于一吨重的聪明。"中国也有句古话："人无信不立。"我国古代思想家对"诚信"非常重视，认为"不诚无物"，也就是说任何存在物，都是在"确实如此"的情况下，才可能是他（它）自己，才能让别人（物）相信。不管是中国人，还是外国人，一个人要想让别人信任你，首先你应该是一个真诚而守信用的人，否则是不会持久的。

有这样一个故事：几个孩子在玩军事游戏。其中一个男孩当哨兵，他接到了长官的命令，"看守"公园的大门。也许是其他孩子忘了这里还有一个"哨兵"，随着时间的推移，公园里没有一个孩子了，可这个小哨兵却还依然站在公园门口。一位作家看到了，他让小男孩回家，可他很认真地对作家说，没有接到长官的命令不能离开。作家叫来了一名路过的上尉，让他走到小男孩的面前，对小男孩下命令，他可以下岗了。小男孩郑重地接受了上尉对他的命令，放心地离开了他的岗位。

小男孩儿的倔强和坚持看起来似乎有些幼稚，但在这个孩子身上体现的对于责任的这种坚守和对于诺言的坚守是很多成年人无法做到的。

孩子是家庭的希望，孩子是家庭的未来，孩子是家庭的价值体现。没有一种教育不是双向作用的。在家庭教育中家庭成员首先要做到自我诚信，才能营造一个良好的家庭诚信氛围，能使每一个家庭成员从中获得收益。

诚信的父母才能培养出诚信的孩子

　　作为成人，你一定有过这样的经历：一个月前，老板说要给你加薪，为此你兴奋、期待，并以二十倍的热情努力工作着，但是至今，你的工资分文未涨。而作为父母，你也一定做过这样的事：孩子想要买一架遥控飞机，你当时答应了，可是最终这个承诺你都迟迟没有兑现。作为前者，你郁闷，生气，甚至可能丧失工作热情；可是，作为后者，你是否想过孩子在想什么？

　　不要以为孩子受到的伤害比你要小，也不要以为孩子面对失信时的承受力比你要大，更不要忘记孩子有样学样，将来他所做的事有可能就是你的翻版。因此，虽然承诺是每个人都常做的事，可是对孩子，如果自问不能言必信，行必果，就不要轻易承诺。

　　"没这么严重吧？孩子哪会记得这些？"很多父母对此不以为然。那么，心理学家的调查会让你很震惊：只要是孩子喜欢的东西，包括电视节目、书本、玩具以及父母的郊游承诺，孩子起码可以牢记半年以上。

　　中国青少年研究中心曾在北京、上海等六省市进行了一个针对中小学生学习和生活现状与期望的调查，结果显示，43.8% 的小学生和 43.6% 的中学生最渴望得到父母的信任，最不满父母说话不算数。

在日常生活中，为了安抚孩子一时的情绪，随口许下诺言事后却抛到脑后的家长更是比比皆是。也许你并不是存心，可当孩子一而再再而三地失望时，父母在他们心中就会变成"狼来了"，不仅不再信任父母了，父母对他的教育，恐怕他也无法再接受。

自古问题出父母。父母是孩子的终身老师，父母是孩子的镜子，孩子是父母的影子。孩子成长的好坏，很大程度上取决于父母的行为举止。

在一个农贸市场，有一位妇女带着一个年约 10 岁的男孩在旁边的鱼档买鱼。当时，那档主一时疏忽，多找了 5 块钱给那位妇女，刚巧被男孩发现了，他正要出言提醒，那妇女却连忙把钱塞进口袋，将男孩拉到一边，悄悄说："别作声，待会儿我把多出的钱买雪糕给你吃。"这位母亲如此教导孩子，岂不是把孩子推上不讲诚信的歪路。

为人父母，每个人都希望自己的子女能够德、智、体全面发展，长大后成为社会有用的人才。但是，有的人并没有做到言传身教，以身作则。像上述那位母亲那样，其结果会如何？

父母应该是孩子的榜样，希望自己的孩子思想品德好，家长首先就得要求自己在孩子面前做出好样子来，言传和身教应该统一起来。

据媒体报道，山东淄博有一个学生因为父亲的"考试成绩能进前三，就给买一双运动鞋"的承诺没有兑现，就闹到派出所要求更名不再认这个"老爸"了。此类父子之间出现诚信危机的消息最近屡屡见诸媒体。这就给我们提出一个问题：究竟应该怎样看待父子之间出现诚信危机？面对父子间的诚信危机，父母应该做什么？

应该看到一点：两代人之间存在着不信任的因素是一种普遍的社会现象。

因为父母与子女之间是存在差异的两代人。经验、文化和价值观念的"代沟"差异使双方产生猜疑，因此引起一些"不信任感"是世之常理。但主要的原因在于父母。首先是做父母的不能对孩子信守承诺。他们往往超越条件的许可对子女进行承诺，而此类承诺很少能够兑现。孩子们莫不希望自己的父母"说话算数"，但是我们给孩子们的那些不能兑现的承诺，只是在向孩子传递着"承诺可以不信守"的信息，这个明显的道德漏洞只能让天真的孩子们对家长产生信任危机。

诚为百行之源，不诚无物。父母是孩子的首任老师，父母诚实可信的人格力量能让孩子濡化之中将信守承诺当作自己的生活方式，从而成为其人格力量的一部分。儒家的曾子对孩子的教育就以"言必信，行必果"而闻名于世。

据《韩非子》记载，有一次，曾子的妻子要出门，儿子要跟着一起去。她觉得孩子跟着很不方便，想让孩子留在家里，于是对儿子说："好儿子，你别哭，你在家里等着，妈妈回来杀猪给你炖肉吃。"儿子听说有肉吃，就答应留在家里。曾子把这一切看在眼里，记在心里。

当曾子的妻子回到家时，看到曾子正在磨刀，就问曾子磨刀做什么。曾子说："杀猪给儿子炖肉吃。"妻子说："那只是说说哄孩子高兴的，怎么能当真呢？"

曾子语重心长地对妻子说："你要知道，孩子是欺骗不得的。如果父母说话不算数，孩子长大后就不会讲信用。"于是，曾子与妻子一起把猪杀了，给儿子做了香喷喷的炖肉吃。

父母的这种诚信行为直接感染了儿子。一天晚上，儿子刚睡下又突然起来，从枕头下拿起一把竹简向外跑。曾子问他去做什么，儿子回答："我从朋友那里借竹简时说好要今天还的。虽然现在很晚了，但再晚也要还给他，我不能言而无信呀！"曾子看着儿子跑出门，会心地笑了。

可见曾子对孩子教育是成功的。可令人遗憾的是，现在我们有很多做父母的面对已经出现的信任危机，不是认真反思在自己的行为中出现的道德漏洞，反而认为是"孩子不听话"，甚至会闪出"棍棒底下出孝子"的传统念头，在这里诚实可信的人格力量不见了。

父母诚实守信的言行将会使子女产生信任感。但凡承诺的事一定要兑现，而且严格信守时间、条件和结果。父母的诚信在子女心目中要牢固树立一种"崇尚感"。使父母言而有信的言行成为感悟子女的"砝码"。

夫妻互信是家庭和谐之道

　　曾听到这样一个故事：有个女贼入室偷窃，正要得手，女主人外出归来。女贼来不及逃走，干脆大大方方地坐在客厅沙发上，来了人便反客为主，质问女主人："你是谁？"在女主人惊愕之时，又荡笑着追问道："哈，我知道了。你是这家男主人的另一个相好吧？"女主人一听，马上气得犯晕，操起东西就追打女贼，赶她滚。女贼得手轻松逃脱后，打电话回来奚落女主人说："我用这招已多次得手了，怪事呀，世上竟然有这么多傻女人不相信自己的丈夫！"女主人恍然大悟，继而羞愧不已。是啊，丈夫平日也只是在外应酬多点而已，也没干啥出格的事啊，自己咋就在关键时候不相信自己的丈夫了呢？

　　这就是夫妻之间缺少诚信闹出的笑话。

　　当今时代，生活节奏日益加快，工作竞争空前激烈，越来越多的夫妻因忙于应付各种琐事而疏忽了交流，夫妻成了"周末夫妻"，小家成了"家窠家庭"，亲昵成了"煲电话粥"。过去夫唱妇随的空间距离被拉大了，尽管情在爱也在，双方却平添了一丝隐忧：他（她）不在我身边时，都干了些啥呢？

夫妻生活的盲区，迫使双方需要一种诚信。上面只是妻子怀疑丈夫的例子，倘若一个女人在外面闯，男人犯疑心病跟踪、死缠活磨、最终没事反而整出事来的例子更多。

至于夫妻之间的诚信，那是维系双方感情的底线，是维持家庭和谐幸福至关重要的因素。而家庭又是社会的细胞，如果夫妻之间失去诚信，细胞受到细菌侵蚀，家庭飘摇破碎，那社会肌体还怎么健康稳定？

在南方某城市一个华灯初上的夜晚，一个衣冠楚楚的中年男人，一只胳膊挽着一位妖艳的女士，一只手握着手机在打电话，声音颇为响亮："喂，是老婆啊？哎，亲爱的我跟你说，晚饭你自己吃吧，我现在正陪客户呢，还不定几点回去，晚上别等我了哈！"最后还煞有介事地冲话筒狠狠地"啵"了一声，不知道电话那头的女人能不能糊里糊涂地被"啵"得心花怒放，实在是滑稽得可以。生活中有许多男人，往往洋洋自得地陶醉于自己游刃有余地穿梭在家中"红旗"和家外"彩旗"之间的顶尖本领，岂不知，诸如此类的谎言，是扼杀夫妻之间诚信最锐利的武器！事情一旦败露，一个温馨的家庭就可能马上陷于地动山摇、妻离子散的困境。其实，夫妻之间的诚信，靠的是自觉，是责任，是那种"富贵不能淫、威武不能屈、贫贱不能移"精神的深入骨髓。夫妻之间的诚信，对于维护家庭和社会的和谐稳定，责任重大。

在人世间，最亲近的关系，莫过于夫妻。夫妻两个人都是从不同的家庭走到一个屋檐下，为家务，为孩子，为经济，为亲友，甚至为一些说不清道不明的问题，在认识和处理上必然会存在差异、分歧和矛盾。互相信任是夫妻间关系最重要的原则。夫妻之间如果没有了信任，互相猜疑，家庭的气氛肯定是阴霾不断。有的在事业上成功的男人，在外应酬很多，时间一长，本来非常信任他的妻子就有些疑惑了，总觉得他是在找理由去和别的女人约会，于是经常悄悄地翻男人的钱包，偷偷地去电信局查男人的手机都打给谁了，有时候还尾随男人看他在外到底去什么地方，对男人的行动刨根问底，搞得自己的丈夫不胜其烦，结果最后在外真的喜欢上了别的女人。最后两人终于反目，好好的一个家庭毁在猜疑的毒瘤里。

有一则寓言故事，大意是这样的：一对鸟儿夫妻，在一棵树上建了一个小家，在林中过起了幸福的生活，夫妻二人形影不离，夫唱妇随，好一番感人景象。

秋天到了，夫妻二人为寂寥的冬季准备着、忙碌着，他们眼看就要用果仁将窝边的一个小树洞装满了，这样，在整个寒冷的冬天，它们都不用为吃的发愁了。

它们原本都是出双入对觅食的，这一天因雌鸟身患小疾，雄鸟只好只身去远些的地方多采些食物，不知是路途遥远，还是鸟儿一时迷路，也许想多采些吃食，雄鸟好几天才回到家。它先去树洞将打来的食儿放好，再去看它的爱人，不料，它大吃一惊，它走时还近乎满着的果仁，现在少了至少有三分之一！不是说好了，等冬天最困难的时候，我们夫妻分享的吗？现在我出差觅食就只走了不过几天，你就自己独吞了？这还有什么同甘共苦可言！

气急败坏的雄鸟回到窝中，不容分说，不听辩解，冲着雌鸟的头部就是一顿猛啄，直到雌鸟头部鲜血淋漓还不解气，直至将曾经深爱的雌鸟啄得一命呜呼方肯住嘴，也方解气！

雄鸟自以为报复了雌鸟。虽失去了爱人，但活得理直气壮！直到有一天，一场秋雨来袭。雨后的雄鸟去洞中取食果仁，他惊得目瞪口呆！果仁又是将将要满的一小树洞。原来，在他发现果仁少了时，是由于风干失水体积变小所至，现在果仁被秋雨浸湿涨发，又回到了原来的模样！雄鸟在瑟瑟秋风中，心里后悔到了极点。但已经无可追回……从寓言中我们不难看出：

夫妻能过下去的先决条件是信任，这是过下去的首要的平台；夫妻的信任要经得起考验，不能稍有变更，首先就想到是对方的不忠；如真的有过不去的事了，不妨弄个水落石出、真相大白再做冷静决策也不迟，不要做追悔莫及之事为佳吧。

夫妻间贵在情深意笃、相互恩爱信任。这样，丈夫在外，怀揣忠妻之志；妻子在家，守身如玉。夫诚妻信，也就没有什么可操心虑肠的了。

家"信"才能万事和

《周子全书·通书·诚下》持家讲诚信。家和万事兴，家败难为人。古人甚是推崇"修身、齐家、治国、平天下"，把家与国、家与业放在同一重要位置，充分体现了家庭的重要性。对家人的诚信，既是我国传统道德的反映，也是当代家庭美德的集中体现：对上辈要尊重、孝敬，不能视为"负担"；对亲属要讲原则、识大体、顾大局，不能感情用事；对子女要言传身教，严管重教，不能过分溺爱。一个家庭需要和睦相处，夫妻之间，父子之间，母女之间，姐妹之间，妯娌之间，要和乐，要团结，要谅解，互帮互学，有商有量，共同进步，共同提高。这样，才能家业兴旺。

作为社会的细胞，家庭的诚信建设应视家庭成员具体情况，因时因人而异。在和睦的前提下，对于一些容易引起误会又非原则性的问题，要懂得善意地说谎，说几句善意的谎言。这样可以避免引起一些不必要的误会，维护家庭的和谐与稳定。现实生活中，我们不难发现，有些夫妻闹矛盾，其实并非是因为什么原则性的问题而起，往往都是因为一些鸡毛蒜皮的事情而起。

如果对家庭成员的性格、学识、处世态度等因素而有所考虑，有针对性地艺术地处理好这些问题，不但不影响事情的功效，而且还会增进家庭的和谐。试想，一对新婚夫妻，丈夫此时偏要硬着头皮吃着因妻子手艺不佳烹饪的难咽菜肴，边吃边赞，假装吃得津津有味，妻子即使知道你说的是谎言，也会乐意接受的。

再如对丈夫买来的颜色和款式不适合自己心理的衣服，假如妻子说了实话，两个人都不开心，丈夫还会感到很尴尬，一句谎言，就避免了不快的感觉，使夫妻之间充满了浪漫的温馨。

中国传统道德认为，夫妻间要恪守诚信，是家庭关系的基石。"夫妻之道不可以不久也，故受之以恒"（周易、序钤）。诚信道德对夫妻关系和睦与稳定的作用，是有积极意义的。古人云："贫贱之交不可弃，糟糠之妻不下堂"。诚信对夫妻双方有同等的要求，夫妇之间要互帮互助、同甘共苦、同舟共济、相敬如宾、相濡以沫、和和睦睦、白头偕老。在历史上，夫妻间恪守诚信，互敬互爱的动人故事不胜枚举。众所周知的诸葛亮"少有逸群之才，莫霸之器，身长八尺，容貌甚伟"，"亮有妻黄氏""发黄而黑、才能独优，亮不嫌丑陋"（《三国志》）。他将别人的讥笑置之度外，与妻以诚相待，相敬如宾，二者堪称夫妇诚信的楷模。

夫妻间若不讲诚信，家庭就不会和睦。魏晋傅玄说："夫不信以遇妇，妇不信以承大"，则"夫妇相疑于室矣"。陆儿渊说："夫妇不立于忠则乖"。魏徵说："夫妇有恩矣，不诚则离"。这就是说，夫妇间不讲诚信，就会互相猜疑，同床异梦，貌合神离，直至家庭破裂。

家庭中的父子关系，兄弟关系等离开诚信也不会和睦。"父子为亲矣、不诚则疏"，"父不信以教子，子不信以事父"，则"父子相疑于家"，"兄弟而不忠信则伤"。

今观国人，更加关注婚姻质量，追求美满感情生活，若感情确实破裂，难以为继，只好中止婚姻。理性地说，这样对当事者双方都有益。然而，也不排除某些人"富贵思淫逸"、纵欲享乐主义膨胀，个人主义泛滥、金钱至上肆虐，于是"包二奶"，"包二爷"，卖淫嫖娼等丑恶现象沉渣泛起，他们背叛了花前月下的"海誓山盟"，丢弃了诚信道德以及应尽的道德义务和道德责任。此外，子女不赡养老人，兄弟反目等现象也时有发生，这也与丢掉诚信道德有关。因此，重温传统家庭诚信美德，对于家庭和睦稳定，不无借鉴价值。

家庭诚信于夫妻而言，可以融洽关系增进感情，于子女而言，可以启蒙思想规矩言行，于父母同胞而言，可以维系和谐友好的家庭氛围。

邻里相处，明礼诚信

邻里关系，是一种十分重要的人际关系。俗话说："行要好伴，住要好邻。""隔邻居，不隔心。"邻里之间，抬头不见低头见，接触十分频繁，处理好邻里关系，做到互敬、互信、互助、互让，和睦相处，不仅有利于各自的工作、学习和生活，使大家过得愉快，有利于各家的生活幸福，而且也有利于社会的安定团结。

如今居住在城市的居民大都会感觉到，邻居之间住得近了，心却远了，下班回家后，防盗门一关，"躲进小楼成一统，管他邻居是何人"。像"我帮你家搬煤气罐，你给我家送几个新蒸的馒头"这样其乐融融的邻里和谐场景不见了，取而代之的是"鸡犬之声相闻，老死不相往来"，在楼道里见了面如同路人，看到小偷撬门还以为邻居忘了带钥匙呢。更有甚者，为了一棵树、一堵墙、一袋垃圾等鸡毛蒜皮的小事引发误会，使邻里关系变得紧张。可以想象，处在这样的环境中，人们还能全身心投入到工作中，充分享受生活的快乐吗？

邻里之间要互相信任，不要猜疑。无端猜疑往往会引起邻里之间发生矛盾，也给自己带来烦恼和苦闷。因此，要切忌无端猜疑。比如家里少了东西，听到些什么，先要搞清楚，不要随意怀疑和轻易责怪邻居。

有一年春节，李小姐家来了不少外地亲友，家里住不下，想住娘家，可走动不太方便，住酒店呢又少了一家人相处的热闹。邻居知道后，就主动发出"邀请函"："就住我们家吧，正好我们过年要回老家。"就这样，在过年前，邻居就把钥匙交到了李小姐手中。

这份热情和信任，李小姐自然是备加珍惜。春节期间不仅买来鲜花把邻居家里妆点得春意盎然，而且处处保持整洁，在邻居回家之前，还把房屋仔细打扫了一番。

其实，邻里关系需要用心经营。像李小姐的邻居那样，主动去沟通和相互信任，这样邻里关系就不会冷漠了。

邻里关系是社会关系的基础，邻里和谐是社会和谐的前提。在全面建设和谐社会的今天，邻里和谐的重要性日益显著。创建和谐、有序、健康、融洽的邻里关系，不仅能使我们心情愉快，为我们的生活减少很多不必要的麻烦，更重要的是可以为建设和谐社会的总体目标营造氛围，构筑基础，可是我们身边的邻里关系却有些不尽如人意。

信任是建立良好社会关系的前提，也是社会得以健康运转的基石。其实，建立信任并没有我们想象的困难，有时只是邻里之间的一个真诚的眼神、关怀的手势、会心的微笑，和谐也会在一声声问候和一次次关心中茁壮成长。和谐的邻里关系是建立在信任的平台之上的，只有相互之间充分信任，真诚交流才能实现，而且随着这种交流的不断增加，信任的程度也会逐步提高。

"千金难买好厝边，有难还需邻里帮"，邻里间以邻为亲，见面问个好，有事叫一声，互帮互助，一团和睦，真是其乐融融，其居也融融。

附录：关于诚信

什么是诚

《左传》说："信，国之宝也，民之所庇也。"什么是诚？什么是信？什么是诚信？时间如水，岁月如歌，诚信作为华夏历史的积淀，依旧苍劲有力，恢弘大气，霸业不改。但德有盛世，也有短暂的滑坡和缺失，需要我们且行且珍惜，面对诚信，既需要继往，更需要开来，修其病态，弃其糟粕。诚信是道德最核心的理念之一，是做人的基本原则。对于一个人来说"立信才能立业"。一个人要想在社会上立足，做出一番事业，就必须具备诚实守信的品德。

"诚"指诚实，表现为言行一致和真实无妄。"诚"，是儒家为人之道的中心思想，立身处世，当以诚信为本。宋代理学家朱熹认为：诚者，真实无妄之谓。"诚"是一种美德。《说文解字》对"诚"和"信"作了这样的注释："诚，信也"，"信，诚也"，二者具有相同的意义。诚，从"言"

从"成"，意味着说出的话要能成为事实，也能变成现实。具体而言，诚有几种含义：第一层次，是哲学意义上的反应论，是"真实"，真心真意、实事求是；第二层次是较高的道德范畴，是约束我们交往行为的尺度，意为真诚、诚实、诚恳，遵守诺言；第三层是升华的道德情操，有慎独内敛之功，"内诚于心""尽心""尽己"，不自欺；第四个层次是由第一个层次演化而来，是指忠诚正直，表里如一，"言必行，行必果"，说到做到；第五层次则是"至诚"，是反身自成的人性实现和人的本真存在的统一，具有本体论意义，对此后文单说。

诚，在中国伦理思想史上具有奠基性价值，是道德判断的基础概念，自先秦儒家开始探讨这个概念后，"诚"就在中国哲学思想和伦理思想上占据着核心位置，奠定了以后伦理思想史发展的路径和脉络。先秦儒家只是在"真实不欺，诚实无妄"的意义上使用，但到孔子、孟子和荀子时期，已经蔚为壮观了，特别是孟子对"诚"有诸多判断和论述，《孟子·离娄上》有云："是故诚者，天之道也；思诚者，人之道也。至诚而不动者，未之有也；不诚，未有能动者也。"荀子则曰："天地为大矣，不诚则不能化万物；圣人为知矣，不诚则不能化万民；父子为亲矣，不诚则疏；君上为尊矣，不诚则卑，夫诚者，君子之所守也，而政事之本也。"把"诚"提升到天地化育、人性常伦之高度，鼓励君臣皆以好诚为美德。

有故事说：汉朝有个人叫阎敞，任郡太守自署属吏，这时，一个叫第五常太守官，因朝廷召见，他就把陆续积蓄下来的一百三十万俸禄，寄存在阎敞那儿。阎敞把这些钱埋在堂上的地里。后来第五常的家人都病死了，只剩下了一个孤苦伶仃的孙子，年纪才九岁。他曾经听见祖父第五常说过，有钱三十万寄在阎敞那里，让他等到长大了，就到那边去寻访要回来。阎敞见到了第五常的孙子，看到长大成人，不禁又悲伤，又欢喜。就把所有的钱还于他。第五常的孙子见了一百三十万的钱，就说："我的祖父只说三十万，没有说一百三十万。"阎敞说："这是太守生了病，所以说得模糊了，请你不要怀疑的。"

为人做事，需要有阎敞这样的胸襟，不自私、不贪财、不失信，重诺言、守信用、重践行。诚可惊天地，亦可泣鬼神。曾子杀猪示信、季布一诺千金、韩信守信等，这些故事代表着中华民族的优良传统，通过口耳相传，使得诚信文化源远流长，让后人受益匪浅。

什么是信

信，作为中国伦理思想史的重要范式，程颐认为："以实之谓信。"可见，"信"不仅要求人们说话诚实可靠，切忌大话、空话、假话，而且要求做事也要诚实可靠。而"信"的基本内涵也是信守诺言、言行一致、诚实不欺。古人云，"人之所助者，信也；不以金玉为宝，而以忠信为宝；祸莫大于无信。"足见"信"在人们日常生活中的重要价值，"信"证明人之为人，当"信"消失的时候，生命就失去了属人的意义。

从字形上分析，信字从"人"从"言"，信也有几层含义：第一层，原指祭祀时对上天和先祖所说的诚实不欺之语。《左传》记载隋国大夫季梁说："忠于民而信于神。"先秦古籍《礼记·曲礼上》说："祷祠祭祀，供给鬼神，非礼不诚不庄。"《礼记? 祭统》也有相关论述："外则尽物，内则尽志，此祭之心也……身致其诚信，诚信之谓尽，尽之谓敬，敬尽然后可以事神明。此祭之道也。"第二层，是指与人交往时做到真诚无欺，忠实于自己的诺言和义务，这个意思是在社会发展演化中，宗教成分剥离以后的结果。第三层，古代的信带有等级宗法色彩，和盲目的"忠心"成分，对人的自由和个性有抑制成分，甚至当权者也喜欢把"信"工具化，如"弃信而坏其主"这里就隐含着绝对的"信"，不可对主上有丝毫的疑惑。第四层，在汉代则跻身基本的社会行为规范的"五常"，与"仁、义、礼、智"并列。第五层次，商贾往来中的信义，重诺言，言而有信。第六层次，信表现为信用，一种商务和金融领域的赊欠赊销的依据。

"诚""信"二字，都有诚实不欺之义，可以互为解释。就二者的关系而言，"诚"具有本体意义，是内在人性尺度的把握；"信"则更多地指向实践、操行、践履等外在行为。在中国古代传统诚信思想中，"诚"是更为根本和基础的东西，"诚"付诸道德实践则表现为"信"；在实践层次上，"信"始终要受"诚"的状态的制约；"诚"的广度和状态决定了"信"的程度和高度，"信所立由乎诚"，亦如张载在《正蒙·天道》中所讲，"诚故信"。程颐在《周易程氏传·卷二》中也讲，"欲上下之信，惟至诚而已"。所以"不诚者失信"，足见诚对信的根本制约性。

信是社会的温暖，是人间的情谊，更是个人、家、组织、集体、社稷与天下长存的法宝，"人无信不立"，不立何以成人。古人云："信顺者，天地之正道也；诈逆者，天地之邪路也……天地著信而四时不悖，日月著信而昏明有常；王者著信而万国以安；诸侯著信而境内以和；君子履信而厥身以立。君以信训其臣，则臣以信忠其君；父以信诲其子，则子以信孝其父；夫以信先其妇，则妇以信顺其夫。……故患莫大于无信。"信作为人的一种基本品质，是社会组织的基本要求、国家社稷集体个人的共同道德约束。守信就是要求人们能够履行对他人的承诺，说话算数，严守践约。

什么是诚信

诚信抵万金，在我们的文明传承中，诚信一直被当作宝贵的精神财富，是中国人引以为傲的美德，是老祖宗赠予我们的瑰宝，是华夏儿女生生不息的精神脉络，是在世界每个角度都不能逾越的道德高地。孔子曾说："人而无信，不知其可也。"我国古语中也有"反身而诚，乐莫大焉"的说法。所以一个真诚守信的人能做到真诚无伪。只有做到真诚无伪，才可使内心无愧，坦然宁静，给人带来最大的精神快乐，是人们安慰心灵的良药。人若不讲诚信，就会造成社会秩序混乱，彼此无信任感，后患无穷。正如《吕氏春秋·贵信》篇所说，如果君臣不讲信用，则百姓诽谤朝廷、国家不得安宁；做官不讲信用，则少不怕长，贵贱相轻；赏罚无信，则人民轻易犯法，难以施令；交友不讲信用，则互相怨恨，不能相亲；百工无信，则手工产品质量粗糙，以次充好，丹漆染色也不正。那什么是诚信？结合上文的"诚"与"信"，大致可以理解为诚实、忠诚、讲信、守诺、如一、信义、负责。简单说，诚信就是说老实话、办老实事、做老实人、真诚待人、不欺不诈、不讹不奸。

今天，生活在交互的人际网络空间，我们彼此更需要以诚信作为约束自己的边界，视真实作为交往的底线，人际交往必须是相互尊重，有章可循，有诺必践，有言必实。循迹诚信的历史沿革轨迹，探索质朴的中国式诚信观，特别是古代诚信观，有很多鲜明的注脚。

第一，古代的诚是通达天道的最高人生境界。"诚"是古代圣贤们体察天意，通达神界，参天地的人生修炼过程。"诚者，天之道也，思诚者，人之道也"，在《礼记·中庸》里也有言："唯天下至诚，为能尽其性；能尽其性，则能尽人之性；能尽人之性，则能尽物之性；能尽物之性，则可以赞天地之化育；可以赞天地之化育，则可以与天地参矣。"这样的"诚"似乎具有了神性，至诚如神，有了诚笃的品德和态度，就可以贯通人性与物性，通达融合，至大至刚，甚至去物之性，人之性，直达"天人合一"的神境。当然这是一种道德理想主义的情怀，虽不能参天地，融物我，至少这种至高无上的道德境界是一种深沉的理想和值得期待的完美。因为天道必定是至诚、至善、无妄、恒常的。

第二，古人把诚信看作是君子的基本道德追求，也是修身养性和治国平天下的重要环节。人若想成为君子，绝不可以失信。孔子说："君子博学而孱守之，微言而笃行之。行必先人，言必后人，君子终身守此悒悒。"荀子也说："君子养心莫善于诚。"《中庸》中亦有"诚者，不勉而中，不思而得，从容中道，圣人也"。诚信观要求我们讲信义、重承诺、修品行、守信用、做表率、内不欺已、外不欺人。践行诚信为本，不信不立，不诚不行的古训，方能精诚所至，金石为开。

第三，中国古代的诚信是与自然经济和小农经济相结合的，是自给自足经济基础的产物。在这种自给自足的经济方式下，对于交换的需求并不旺盛，商业伦理或商务诚信、道德经济显现的并不充分，因为那时不具备社会化大生产和大流通的条件，甚至在很多时候，商贾是受到歧视的，因为君子不言利，他们更在乎"重义轻利"，强调要"见利思义""取利有道"，要求"利"必须合乎"义"的规范，既要"有利可图"，又不"唯利是图"。因为金钱是忠实的男仆，更可能成为恶毒的女主人，当我们控制金钱时，它就是我们忠实的男仆，当金钱控制我们，超越了诚信的界限，甚至铤而走险，作奸犯科的时候，金钱就摇身变成了恶毒的女主人。反过来控制我们，我们制造了金钱，最终却成为金钱的奴隶，这就是马克思所说的商品和金钱拜物教，所以君子在义利之间，能舍生取义、杀身成仁，故云：君子喻于义，小人喻于利。

第四，古代诚信以修身做人、调节社会人伦关系为主，调节经济关系为辅助。虽有儒商，也是先儒而后商，"以德为本"而后"以德取胜"，修身推己及人、"己所不欲，勿施于人"。在传统伦理道德范畴中，"诚"表示人的内在德行，是向内的力量和要求，强调反身内悟，存善去恶、慎独勿逾、言行一致、表里如一的道德内省。"信"是诚的外在表征，指向行为与意向，内有诚外有信，心有诚意，口则必无妄言，对他人不存诈伪之心，不说假话，不办假事，开诚布公，取信于人，誉信八方。

第五，诚是要求反身向内，自我审视，对人的自我调节与约束力量是直接、及时和极其强大的，功力甚至超过当时的法律制度。正如习近平总书记在纪念现行宪法公布施行 30 周年大会上的讲话中指出的那样："法律是成文的道德，道德是内心的法律。"当诚信作为一种自律的力量，被人们内心以信仰的形式加以追寻的时候，它常常是超越法律的约束力，也超越金钱的价值判断。如曾子杀猪示信，就是为了兑现一个诚实的诺言。

第六，古代诚信观往往与奸诈相对立。宋代周敦颐认为"诚"为"五常之本，百行之源也"，视"诚"为仁、义、礼、智、信这"五常"的基础和各种善行的开端。程颐更为直截了当地说"吾未见不诚而能为善也"，不诚则必定做伪、使诈、耍滑、投机、狡诈。

第七，古代诚信观，也有等级、宗法、不平等、不自由等权力桎梏。使得诚信多少都带有一点封建社会的制度糟粕和时代痕迹。

第八，古代诚信，重在自己，严于律己，宽以待人。甚至诚信更是一种给予，宁愿亏自己，不愿负他人。正如《大学》讲："所谓诚其意者，毋自欺也。"君子要从内心深处做到既不自欺，也不欺人，只有内诚于心，才能外信于人，无信也不足以见诚。修身要"择善而固执之"，以诚信为目标并坚守住它。修身是一个自"诚"而明的过程。这些论断就表明，诚信其实是单向性更多些，今天我们讲的是双向诚信。程颐说："以诚感人者，人亦诚而应。"，前提是自诚为先。自诚是核心，至于交往对象是否诚，那不是我关心的，或者即便交往对象不诚，也不能成为我不诚的理由或借口。甚至更多的时候是以德报怨，以诚回敬不诚，不做争辩。网上有这样一个故事，这其中就涉及诚与诈的冲突和解决之道：

镇上有一个少女，有了身孕，父母逼问少女，孩子的父亲是谁。少女被逼无奈，说孩子父亲是附近庙里的一位高僧，孩子出世后，这家人抱着孩子找到了高僧。高僧只说了一句："这样子啊！"便默默地接下孩子。此后，高僧每天抱着孩子挨家挨户讨奶喝。小镇里炸开了锅，说什么的都有。高僧被人指指点点，甚至辱骂。一年后，少女受不住内心的煎熬，承认孩子的父亲是另一个人，与高僧无关。少女及家人惭愧地找到高僧，看到高僧很憔悴，但孩子白白胖胖。少女满心愧疚。高僧淡淡地回了一句："是这样子啊！"便把小孩还给了少女。高僧被冤枉名声扫地，却始终不辩解，为什么呢？高僧说："出家人视功名利禄为身外之物。被人误解于我毫无关系。我能解少女之困，能拯救一个小生命，就是善事。"当我们被误解时，会花很多的时间去辩白。但没有用，没人会听，没人愿意听。人们按自己的所闻、理解做出判别，每个人其实都很固执。他若理解你，开始就会理解你，自始至终的理解你，而不是听你的一次辩白而理解。与其努力而痛苦地试图扭转别人的判别，还不如默默承受，给别人多一点时间和空间。省下辩解的功夫，去实现自身更久远的人生价值。渡人如渡己。渡己，亦是渡人。

今天，诚信的内涵和外延得以进一步的丰富和发展，已经剥离了古代的身份等级限制，没有君臣父子夫妻那种不对等的诚信要求，而是演化成社会健康有序发展的基石，是社会主义核心价值观的灵魂，更是我们安身立命的依托，是商务之道，家和之依，为政之要，也是新时代完美人格的内在要求。随着国际化、全球化、网络化、云计算、互联网时代的到来，诚信在我们日益复杂的交往方式中，正发挥着更大的社会价值，它不仅是个人提高自我修养的内在要求，也是人们相互评价的道德尺度，更是经济网络的硬通货、司法实践的纲目，国家交往、匿名空间交往的新要求。传统的诚信伦理要想与高度发达的现代经济生活相协调，必须继往开来，革新诚信内容、形式，与时俱进，从中国传统诚信思想中挖掘出有价值的传统资源，弘扬传统诚信思想的精华，舍弃其带有糟粕性的东西，并实现传统诚信的现代转换，市场转换和网络转换，发挥好诚信作为维护个人利益、社会利益、国家利益的宝贵的精神财富的价值。时代在发展，诚信作为公民道德规范，必须顺应时代需要，特别是市场经济和日益扩大的交往半径的需要。古代诚信观的基本内容有些要被舍弃，有些要发展。但诚信的核心思想，如诚实、诚恳、信用、信任依旧是应有之义，今天依旧需要发扬光大诚信的真诚不伪，诚信不欺，真实不妄，精诚不懈的精神实质，在日常生活就是要求我们忠诚老实，诚恳待人，取信于人，对他人予以信任。

以良好的诚信教化人

德治和法治一直是争论的中心问题，其实德法相辅，才有"心诚"和"行诚"的统一，才能真正做到"有耻且格"，不越雷池半步。单纯讲法治是冰冷的无情的，天理国法，还需人情配合。对于盗窃者而言，锁是没有用的，"心锁"才能控制住不当的欲望；对于杀人越货者，法律也是苍白和滞后的，唯有筑牢人性的篱笆，才能避免灾害。德法相辅才是诚信的盛行的王道。那么，如何培育并弘扬"比黄金还要贵重的诚信"？如何探索"以科学的理论武装人，以正确的舆论引导人，以高尚的精神塑造人，以优秀的作品鼓舞人"的有效方法，加强诚信教育是社会主义核心价值观教育的重要举措。西顿人说"牙齿种到地里就能长出武士来"，柏拉图用这个例子来说明，"只要加以耐心的劝说，立法者就可以让年轻的心灵相信任何事情。"亦如墨子所言："染于苍则苍，染于黄则黄"，诚信的后天教育和习染非常重要。

第一，诚信教育不是一时一地的行为，而是终身行为。孔子推崇"文行忠信"四教，也就是文化、实践、忠诚、信守四种教育，此中足见诚信教育的重要性。在学生时代，学校和家长是承担诚信教育，弘扬真、善、美，鞭挞假、恶、丑的最核心主体。离开学校后，则需要信用制度的对接，公民道德教育的延续。而在儿童时期，特别是是非善恶基本观念形成期，更是要加强诚信教育。成年后，放松诚信，或者受社会消极现象的影响，成人也会经常萌发放弃诚信的想法，在诚信变得脆弱的危险时刻，同样需要社会舆论和道德教育的引导。

第二，爱、责任、诚信的教育重于应试教育。教育需要润物细无声的爱心呵护，需要持之以恒的决心和耐心。这与家长老师都有紧密关系。亦如冰心所言："爱在左，而情在右，在生命之路的两旁，随时播种，随时开花，将这一径的长途点缀的花香弥漫，使得穿花拂叶的行人，踏着荆棘，不觉得痛苦，有泪可挥，不觉得悲凉。"带着爱心去教育，教出来的大多是有爱心的人；带着应付与突击心理去教育，教育出来的只能是半成品，经不起雨打风吹；以虚伪去教育，结出的只能是虚伪的果实。正如朱熹所言："如播种相似，须是实有种子下在泥中，方会日日见发生。若把空壳下在里面，如何会发生？"当前学校如何破除升学和考试指挥棒魔咒，把素质教育从口头上贯彻到现实中来，这是教育主管部门的心头之殇，也是教育之殇，必须有化解之策。在家庭教育中，家长是孩子的榜样，教孩子不要贪玩，自己却夜夜扑在麻将桌上玩，抱着手机不放；教孩子要有节制，自己却经常酩酊大醉，嗜酒如命；教孩子要举止得体，不要吵架、斗殴，而夫妻之间却打骂不断，恶语相加；教孩子要诚实、不要弄虚作假，而自己常常当着孩子的面做一些弄虚作假的事情。一些不经意的谎言，但对于孩子那就是标准，虽不一定要杀猪示信，至少要注意自己的身份与一言一行。

第三，要教育人们坚持：他人的诚信不是我诚信的条件，而我的诚信是他人诚信的条件。获得诺贝尔和平奖的特蕾莎修女告诫我们，不要轻视我们身边的小小的善举，因为爱一经传播，就可以改变世界。在诚信的问题上，不需要高调，更需要一些具体而微的行动。特蕾莎修女用她一身的实践和近乎灵魂的呼唤告诫我们：

"孩子，你听我说，如果守规矩，讲良心，有道德会让你吃亏，会使你蒙受损失遭到打击，那不是你错了，而一定是这个社会出了问题。但不管怎样，你要守规矩，讲良心，有道德；如果你做善事，不一定会有善报，或许还有人说你虚情假意，说你别有用心，但不管怎样，你要做善事；如果你成功，身边不一定会簇拥着鲜花和掌声，或许还会召来假的朋友和伪装的敌人，但不管怎样，你要成功；诚实和坦率会让你受到伤害、受到攻击，但不管怎样，你要诚实和坦率；破坏比建设容易得多，也许你多年的努力建设不起你的大厦，一朝的破坏却让你声名远扬，但你仍要建设；只要你努力，犯错是难免的，有些错失令你刻骨铭心，伤痛难愈，但你仍要努力；将你最好的东西奉献，你反倒可能被踢掉牙齿，但你仍然要将你最好的东西奉献。我看着你幼小的身影跌跌撞撞地行走在人生路上，我看着你被人世人心的险恶暗礁绊得头破血流，我的心也会流血的。但我知道，幸福和心痛，都是母亲这个词汇中的应有词义。"